工业机器人应用系统集成

主　编　季东军
副主编　戴艳涛
参　编　李金平
主　审　孙福才

北京理工大学出版社
BEIJING INSTITUTE OF TECHNOLOGY PRESS

内 容 简 介

本书依据中国特色高水平高职学校建设项目的需求，从工业机器人应用系统集成的实际需求出发，在汇总现有工业机器人应用系统集成技术经验和成果的基础上，从专业技术角度对工业机器人应用系统集成的目标（即工作站类型）进行了重新划分和界定，并据此确定"工业机器人最小系统"作为工业机器人应用系统集成的硬件核心组成部分，进而确定全书的相关项目内容。

本书主要内容包括工业机器人应用系统集成基本方案制定、运动控制模块系统集成技术应用、机械模块系统集成技术应用和工业机器人应用系统集成仿真，并配有课件、微课等相关教学资源，可以作为高等职业院校（或职业本科院校）装备制造类相关专业的教材使用。

图书在版编目（CIP）数据

工业机器人应用系统集成 / 季东军主编. -- 北京：
北京理工大学出版社, 2025. 3.
ISBN 978-7-5763-5211-5

Ⅰ. TP242. 2

中国国家版本馆 CIP 数据核字第 20250B5S19 号

责任编辑：钟 博　　文案编辑：钟 博
责任校对：周瑞红　　责任印制：李志强

出版发行 / 北京理工大学出版社有限责任公司
社　　址 / 北京市丰台区四合庄路 6 号
邮　　编 / 100070
电　　话 / (010) 68914026（教材售后服务热线）
　　　　　　 (010) 63726648（课件资源服务热线）
网　　址 / http://www.bitpress.com.cn

版 印 次 / 2025 年 3 月第 1 版第 1 次印刷
印　　刷 / 三河市天利华印刷装订有限公司
开　　本 / 787 mm×1092 mm　1/16
印　　张 / 14.75
字　　数 / 294 千字
定　　价 / 78.00 元

中国特色高水平高职学校项目建设成果系列教材
编审委员会

编写说明

  中国特色高水平高职学校和专业建设计划（简称"双高计划"）是我国教育部、财政部为建设一批引领改革，支撑发展，具有中国特色、世界水平的高等职业学校和骨干专业（群）的重大决策建设工程。哈尔滨职业技术大学（原哈尔滨职业技术学院）作为"双高计划"建设单位，对中国特色高水平高职学校建设项目进行顶层设计，编制了站位高端、理念领先的建设方案和任务书，并扎实地开展人才培养高地、特色专业群、高水平师资队伍与校企合作等项目建设，借鉴国际先进的教育教学理念，开发具有中国特色、遵循国际标准的专业标准与规范，深入推动"三教"改革，组建模块化教学创新团队，落实课程思政建设要求，开展"课堂革命"，出版校企双元开发的活页式、工作手册式等新形态教材。为了适应智能时代先进教学手段应用，哈尔滨职业技术大学加大优质在线资源的建设，丰富教材载体的内容与形式，为开发以工作过程为导向的优质特色教材奠定基础。按照教育部印发的《职业院校教材管理办法》的要求，本系列教材体现了如下编写理念：依据学校双高建设方案中的教材建设规划、国家相关专业教学标准、专业相关职业标准及职业技能等级标准，服务学生成长成才和就业创业，以立德树人为根本任务，融入课程思政，对接相关产业发展需求，将企业应用的新技术、新工艺和新规范融入教材。本系列教材的编写遵循技术技能人才成长规律和学生认知特点，适应相关专业人才培养模式创新和优化课程体系的需要，注重以真实生产项目、典型工作任务、典型生产流程及典型工作案例等为载体开发教材内容体系，理论与实践有机融合，满足"做中学、做中教"的需要。

  本系列教材是哈尔滨职业技术大学中国特色高水平高职学校项目建设的重要成果之一，也是哈尔滨职业技术大学教材改革和教法改革成效的集中体现。本系列教材体例新颖，具有以下特色。

  第一，创新教材编写机制。按照哈尔滨职业技术大学教材建设统一要求，遴选教学经验丰富、课程改革成效突出的专业教师担任主编，邀请相关企业作为联合建设单位，形成一支学校、行业、企业和教育领域高水平专业人才参与的开发团队，共同参与教材编写。

  第二，创新教材总体结构设计。精准对接国家专业教学标准、职业标准、职业技能等级标准，确定教材内容体系，参照行业企业标准，有机融入新技术、新工艺、新规范，构建基于职业岗位工作需要的、体现真实工作任务与流程的教材内容体系。

  第三，创新教材编写方式。与课程改革配套，按照"工作过程系统化""项目+任务式""任务驱动式""CDIO式"四类课程改革需要设计四种教材编写模式，创新活页式、工作手册式等新形态教材编写方式。

  第四，创新教材内容载体与形式。依据专业教学标准和人才培养方案要求，在深入企业调研岗位工作任务和职业能力分析的基础上，按照"做中学、做中教"的编写思路，以企业典型工作任务为载体进行教学内容设计，将企业真实工作任务、真实业务流程、真实生产过程纳入教材，并开发了与教学内容配套的教学资源，以满足教师线上线下混合式教学的需要。本系列教材配套资源同时在相关平台上线，可随时下载相应资源，也可满足学生在线自主学习的需要。

  第五，创新教材评价体系。从培养学生良好的职业道德、综合职业能力、创新创业能力出发，设计并构建评价体系，注重过程考核和学生、教师、企业、行业、社会参与的多元评价，充分体现"岗课赛证"融通，每本教材根据专业特点设计了综合评价标准。为了确保教材质量，哈尔滨职业技术大学组建了中国特色高水平高职学校项目建设成果系列教材编审委员会。该委员会由职业教育专家组成，同时聘请企业技术专家进行指导。哈尔滨职业技术大学组织了专业与课程专题研究组，对教材编写持续进行培训、指导、回访等跟踪服务，建立常态化质量监控机制，能够为修订完善教材提供稳定支持，确保教材的质量。

本系列教材是在国家骨干高职院校教材开发的基础上，经过几轮修改，融入课程思政内容和课堂革命理念，既具教学积累之深厚，又具教学改革之创新，凝聚了校企合作编写团队的集体智慧。本系列教材充分展示了课程改革成果，力争为更好地推进中国特色高水平高职学校和专业建设及课程改革做出积极贡献！

哈尔滨职业技术大学
中国特色高水平高职学校项目建设成果系列教材编审委员会
2025 年 1 月

前　言

　　随着工业自动化、智能化的飞速发展，工业机器人的应用越来越广泛，但单独的、孤立的工业机器人除了能演示基本动作和功能以外，在实际工业化生产中并没有实用价值，只有按实际使用需求为工业机器人配备相应的末端执行器、机械装置等其他外部设备或装置，工业机器人才能真正成为实用化设备，即对工业机器人进行必要的应用系统集成，形成具备一定工艺流程实现能力的工业机器人工作站，才能使工业机器人真正在实际生产活动中发挥作用。

　　工业机器人工作站的种类繁多，因此在实践中，工业机器人应用系统集成的要求也存在很大差别。另外，不同院校教学所用设备等条件也存在很大差异。本着适应上述实际特点，同时兼顾高等职业院校（或职业本科院校）学生的知识结构和相关专业人才培养特点的初衷，本书着重从工业机器人应用系统集成所需专业技术知识的基础性和工具性的角度出发进行阐述，内容安排并不拘泥于某种或某型特定设备，因此具有较强的开放性和通用性，非常适合高等职业院校（或职业本科院校）进行教学使用，或具备一定专业基础的人员自学使用。工业机器人应用系统集成涉及工业机器人技术、工业机器人离/在线编程、机械基础、电工电子技术、运动控制技术和可编程逻辑控制器控制技术等多门专业课程，属于一门综合性非常高的专业技术课程，建议学生在学习完相关课程并良好掌握相关专业知识的基础上，使用本书开展工业机器人应用系统集成课程的学习。

　　本书由哈尔滨职业技术大学开发。哈尔滨职业技术大学季东军任主编，负责编写项目一中的任务1、项目三和项目四；哈尔滨职业技术大学戴艳涛任副主编，负责编写项目二，中国电子科技集团第四十九研究所李金平参与编写，负责编写项目一中的任务2。

　　"工业机器人应用系统集成"对职业教育来说是新的课程方向，相关教材的编写尚没有十分成熟的经验可以借鉴，故书中难免有疏漏之处，恳请广大读者批评指正，提出宝贵意见，并将意见和建议反馈至编者邮箱（jdj0912@ sina. com），编者将不胜感激。

　　在本书的编写过程中，编者参阅了大量国内外相关论文、书籍、技术资料，以及来自互联网的相关资源等，在此向这些参考文献的原作者表示衷心的感谢。

编　者

目　录

项目一 工业机器人应用系统集成基本方案制定

项目导入

随着科技的飞速发展，现代机器人已经能够"上天入海"，尤其在工业领域的应用更是越来越普遍。我国在机器人产业起步虽然较晚，但我国制造业规模大、门类齐全，随着我国加快迈向制造强国，机器人产业具有巨大的市场前景。101家专精特新"小巨人"企业加快成长壮大，工业机器人（图1-1）已在汽车、电子、机械等领域普遍应用，服务机器人、特种机器人在教育、医疗、物流等领域大显身手，不断孕育出新产业、新模式、新业态。

图1-1 国产工业机器人

在工业机器人产业化的发展历程中，工业机器人应用系统集成直接对应系统集成商，处于工业机器人产业链的下游。系统集成商主要为终端用户提供应用解决方案，负责工业机器人本体的二次开发和外围设备的集成，是工业机器人自动化应用的关键环节。本项目通过"工业机器人应用系统集成认知"和"工业机器人应用系统集成分析"两个任务，介绍工业机器人应用系统集成及其方案制定的相关基础知识。

学习目标

知识目标

（1）能够准确阐述工业机器人应用系统集成的目的。

（2）能够准确阐述工业机器人工作站的定义。

（3）能够准确阐述常见工业机器人工作站核心组成部分及其功能特点。

（4）能够列举工业机器人及其常用设备功能特点和相关参数。

能力目标

（1）能够制定工业机器人工作站运行的基本工艺流程。

（2）能够根据工艺流程进行工业机器人应用系统集成功能分析和技术解析。

素质目标

（1）培养学生的网络应用能力，指导学生利用网络进行专业信息检索。

（2）培养学生的专业表达能力，指导学生使用专业术语撰写书面报告。

（3）鼓励学生勇于创新、勇于探索、敢于创新。

项目实施

任务 1　　工业机器人应用系统集成认知

任务解析

在实践应用中，单独一台工业机器人是无法完成自动化生产作业的，需要在其周边增加辅助设备，使它们相互配合才能实现自动化生产循环，即构建工业机器人应用系统。同样的道理，在学习和工作中，只有齐心协力、团结一致，凝聚系统的集体力量，才能更好、更快地实现共同目标。

本次任务介绍了工业机器人应用系统集成的目的、发展情况和典型应用案例，需要学生结合网络信息和已掌握的专业知识，完成一个工业机器人工作站的功能和组成分析报告。

知识链接

一、什么是工业机器人应用系统集成

工业机器人应用系统是一种集硬件、软件于一体的新型自动化设备。硬件涉及机械部分与电气部分，如工业机器人本体、可编程逻辑控制器（PLC）、工业机器人控制器、传感器以及周边设备等，软件则是工业机器人应用系统的大脑和神经系统，它能够实现各部分的工作运动和相互协调。

工业机器人应用系统集成的目的是建立工业机器人工作站或工业机器人生产线。工业机器人工作站是指以一台或多台工业机器人为主，配以相应的周边设备，如变位机、工装夹具等，或借助人工的辅助操作完成相对独立的作业或工序的设备组合；工业机器人生产线由多个工业机器人工作站、物流系统和必要的非工业机器人工作站组成。工业机器人应用系统所集成的各种自动化设备，可以部分替代传统自动化设备。当工厂的产品需要更新换代或变更时，只需重新编写工业机器人应用系统的程序，便能快速适应变化，而且不需要重新调整生产线，大大降低了投资成本。

工业机器人应用系统可代替人工进行多种操作，工艺可靠，而且速度提升明显。我国经济的快速发展对制造的速度和质量有了越来越高的要求，但我国人口红利的消失使制造业的发展面临越来越多的阻碍。同时，国家提出了《中国制造 2025》智能制造发展规划。因此，工业机器人应用系统集成的应用将会呈现井喷的态势。

工业机器人应用系统应用广泛，从传统行业到新兴行业都有应用。工业机器人应用系统最早大规模应用于汽车制造领域，主要对汽车的车身进行焊接作业，也会进行汽车发动机的装配作业；在仓储管理领域，工业机器人应用系统用于物品的搬运和码垛；在电子领域，工业机器人应用系统用于电子元器件的分拣、堆放和装配等。

工业机器人应用系统对社会发展的影响是深远的，它会进一步提高劳动生产率。虽然由工业机器人代替人完成很多工作会造成一些人下岗和失业，但是随着科技的发展，工业机器人的使用所形成的产业链也将需要更多的人，因为工业机器人终究是人类发明的。

二、工业机器人应用系统集成的发展

在工业机器人应用系统集成中，工业机器人本体是中心，它的性能决定了工业机器人应用系统集成的水平。我国的工业机器人研发起步较晚，与国外的工业机器人的性能水平有较大差距，因此目前的工业机器人仍然以国际品牌为主；但在我国科技工作者的不懈努力下，国产工业机器人研发水平后发优势明显。工业机器人应用系统集成的主要目的是使工业机器人实现自动化生产，从而提高效率，解放生产力。从产业链的角度看，工业机器人本体（单元）是工业机器人产业发展的基础，处于产业链的上游，而系统集成商则处于工业机器人产业链的下游应用端，为终端客户提供应用解决方案，负责工业机器人本体的二次开发和外围设备的集成，是工业机器人自动化应用的重要组成部分。

工业机器人下游产业主要分为汽车工业和一般工业。汽车工业是技术密集型产业。在长期使用工业机器人的过程中，各汽车厂商形成了自己的规则和标准，对工业机器人应用系统集成的技术要求高，对于系统集成商来说，形成了较高的准入门槛。多数国内系统集成商主要做一些分包或者不太重要的项目，少数系统集成商获得了先发优势。一般工业机器人按照应用可分为焊接、机床上下料、物料搬运码垛、打磨、喷涂、装配等类型。以喷涂应用为例，喷涂作业本身的作业环境恶劣，对喷漆工人技术熟练程度的要求比较高，导致喷涂作业的从业人员数量少。喷涂工业机器人以其重复精度高、工作效率高等优点有效解决了这一问题。从最开始的汽车整车车身制造，到汽车仪表、电子电器、搪瓷等领域，喷涂工业机器人在喷涂领域的应用越来越广泛。工业机器人应用系统集成也正逐渐由汽车工业向一般工业延伸，一般工业中应用市场的热点和突破点主要集中在 3C 电子（即计算机、通信和消费类电子产品）、金属、食品饮料及其他细分市场。除此之外，工业机器人应用系统集成标准化的程度持续提高，这有利于系统集成商形成规模。一些领域的工业机器人应用系统集成的标准化不只是工业机器人本体的标准化，也是工艺的标准化。

目前，在世界范围内工业机器人产业化过程中，主要流行 3 种发展模式，即日本模式、欧洲模式、美国模式。在日本模式中，工业机器人制造商以开发新型工业机器人为主要目标，并由其子公司或其他配套公司设计、制造不同需求的工业机器人成套系统，即最后完成交钥匙工程；在欧洲模式中，工业机器人制造商不仅要生产工业机器人，还要兼顾为用户设计开发工业机器人应用系统；美国模式是采购与成套设计相结合。中国的发展模式与美国类似，主要集中在工业机器人应用系统集成领域。中国的工业机器人市场起点低、潜力大，随着本国技术的不断崛起，中国工业机器人产业化模式逐渐从低端向高端转变，从纯集成向行业分工转变。在现阶段，随着工业机器人产业的整合，工业机器人专用设备和电气元件等的价格优势逐渐明显，国内企业凭借性价比和服务优势逐渐占领越来越大的市场份额。

工业机器人应用系统集成正在向智慧工厂、数字化工厂方向发展。智慧工厂是现代工厂信息化发展的一个新阶段。智慧工厂的核心是数字化和信息化。它们将贯穿于生产的各个环节，降低从设计到生产制造之间各种可能的不确定性，从而极大缩短产品设计到生产的转换时间，并且最大限度地提高产品品质。尤其是人工智能（AI）技术的飞速发展和应用，必将成为智慧工厂和数字化工厂发展的一大助力。

三、工业机器人应用系统集成典型案例

随着科学技术的发展，手臂型工业机器人的应用场景越来越丰富，已经呈现向各领域发展的态势。在北京冬奥村的餐厅里，它们是技艺高超的"厨师"和"调酒师"；在影视剧的拍摄现场，它们是帮助演员们展示特技效果的"功夫大师"。当然，目前工业机器人更多地应用于相关工业领域。

1. 焊接工业机器人工作站

素有"工业裁缝"之称的焊接技术被广泛应用于众多工业领域，它是最早与工业机器人结合的技术之一，并成功批量应用于生产实践，尤其是在汽车工业领域，焊接工业机器人工作站保有量始终名列前茅。另外，焊接工业机器人在摩托车、五金家电、工程机械、航空航天和化工等其他行业也有广泛的应用。随着科学技术的不断发展，焊接自动化技术有了飞跃性的进步，从刚性自动化生产方式过渡到柔性自动化生产方式。刚性自动化一般适用于中、大批量生产，柔性自动化则更适用于单件小批量生产，而焊接工业机器人使单件小批量产品也能实现高度的自动化生产。焊接工业机器人工作站如图1-2所示。

图1-2　焊接工业机器人工作站

焊接工业机器人是一种高度自动化的焊接设备，是当今焊接制造业的发展趋势，是提高焊接质量、降低成本及改善工作环境的重要手段。采用焊接工业机器人进行焊接作业，只有一台焊接工业机器人是不够的，必须配备外围设备，即组成工作站。焊接工业机器人

工作站是以焊接工业机器人为核心，与系统控制柜、安全防护系统、操作台、回转工作台、变位机构、焊接工装夹具、焊接安全设备必备的焊接系统（焊接电源、焊枪和焊钳、自动送丝机构、水箱等）等结合的系统。具体如下。

（1）焊接工业机器人：一般是伺服电动机驱动的6轴关节式工业机器人，由驱动器、传动机构、机械手臂、关节以及内部传感器等组成。焊接工业机器人的任务是精确地保证末端执行器（焊枪）所要求的位置、姿态和运动轨迹。

（2）系统控制柜：是焊接工业机器人工作站的神经中枢，包括计算机硬件、软件和一些专用电路（负责处理焊接工业机器人工作过程中的全部信息和控制全部动作）。工业机器人出厂时配有专门的控制柜，如果需要大规模的系统集成，则需要为整个工作站专门设置系统控制柜，此时工业机器人的控制柜就变成了系统控制柜的一部分。

（3）焊接系统：包括焊接电源、焊枪和焊钳（图1-3）等。焊枪清理装置主要包括剪丝装置、沾油装置、清渣装置以及喷嘴外表面的打磨装置。剪丝装置主要用于用焊丝进行起始点检出的场合，以保证焊丝的伸长度一定，提高检出精度；沾油装置用于喷嘴表面的飞溅；清渣装置用于清除喷嘴内表面的飞溅，以保证保护气体通畅；喷嘴外表面的打磨装置主要用于清除喷嘴外表面的飞溅。

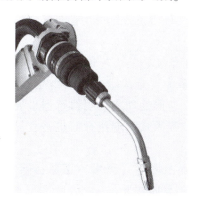

图1-3　焊接工业机器人所用焊枪和焊钳

（4）焊接工装夹具：用于装夹和承载工件以使其回转和倾斜，从而得到最佳的焊接姿势和位置。

（5）变位机构：通过倾斜和回转动作，将工件置于便于实施焊接作业位置。变位机构可缩短辅助时间，提高劳动生产率，改善焊接质量。变位机构在焊接工业机器人工作站中是不可缺少的周边设备。根据实际生产的需要，变位机构可以有多种形式。从驱动方式来看，有普通直流电动机驱动、普通交流电动机驱动及可以是与焊接工业机器人同步调运动的交流伺服电动机驱动。

（6）焊接安全设备：是焊接工业机器人工作站安全运行的重要保障，主要包括驱动系统过热自断电保护、动作超限位自断电保护、超速自断电保护、焊接工业机器人工作空间发生干涉时的自断电保护及人工急停断电保护等，起到防止焊接工业机器人伤人或损坏周边设备的作用。在焊接工业机器人的工作部还装有各类触觉和接近传感器，可以使焊接工业机器人在过分接近工件或发生碰撞时停止工作，还可以用于降低焊接

焊接工业机器人
工作站组成认知

过程中有毒有害气体、粉尘和噪声等对身体的危害程度，提高作业安全系数。

　　焊接工业机器人工作站按其实现的焊接形式主要分为弧焊工业机器人工作站和点焊工业机器人工作站两大类，可以实现常见的箱体工件焊接、轴类工件焊接等作业，两者最大的区别在于末端执行器，弧焊通常使用焊枪，点焊通常使用焊钳。

　　焊接工业机器人工作站的使用具有极强的专业性，对于不了解焊接工艺技术的人来说无法正确使用此类工作站，进行系统集成时也需要了解更多焊接工艺技术的特点才能更好地完成整体系统配置。

2. 搬运（码垛）工业机器人工作站

　　搬运（码垛）工业机器人工作站适用于物流、电子、食品、饮料、化工、医药和包装等多个行业，能满足对板材、桶装、罐装、瓶装等各种形状的工件进行搬运的要求，其动作灵活，可进行人机对话控制，能全天候不间断作业，极大地提高了生产效率，使货物搬运场所的搬运操作更加智能化，能极大地减少人力劳动，并实现全面智能化管理。

　　搬运工业机器人工作站的生产作业是由机器人连同它的末端执行器、夹具和变位机构，以及其他周边设备等共同完成的，其中起主导作用的是搬运工业机器人，因此一般首先必须满足搬运作业的功能要求。在选择搬运工业机器人时，可从三方面加以保证：有足够的持重能力、足够大的工作空间和足够多的自由度。环境条件则可由搬运工业机器人产品样本的推荐使用领域加以确定。

　　在码垛作业中，最常见的作业对象是袋装物品和箱装物品。一般来说箱装物品的外形整齐、变形小，用于抓取箱装物品的末端执行器多为真空吸盘。袋装物品外形柔软，极易发生变形，因此在定位和抓取之前，应经过多次整形处理，末端执行器也要根据物品特点专门设计，多用叉板式和夹钳式结构。另外，磁吸式末端执行器也是常见的一种形式。

　　搬运（码垛）工业机器人工作站（图1-4）主要由搬运（码垛）工业机器人本体、末端执行器、工夹具和变位机构、基座等几部分组成。具体如下。

图1-4　搬运（码垛）工业机器人工作站

1）搬运（码垛）工业机器人本体

搬运（码垛）工业机器人本体是搬运（码垛）工业机器人工作站的组成核心，应尽可能选用标准工业机器人。工业机器人控制系统一般由工业机器人型号确定。对于某些特殊要求，例如需要外部联动控制单元、视觉系统和有关传感器等，可以单独提出，由工业机器人生产厂家提供配套装置。搬运（码垛）工业机器人的确定从以下几个方面着手。

（1）负载能力。搬运（码垛）工业机器人手腕所能抓取的质量是搬运（码垛）工业机器人的一个重要指标，习惯上称为搬运（码垛）工业机器人的可搬质量。可搬质量的作用线垂直于地面［搬运（码垛）工业机器人基准面］并通过搬运（码垛）工业机器人手腕基点 P。一般说来，同一系列的搬运（码垛）工业机器人，其可搬质量越大，外形尺寸、手腕基点的工作空间、自身质量以及所消耗的功率也就越大。

末端执行器重心的位置对搬运（码垛）工业机器人的负载能力有很大影响，尤其是在高速运行时。同一质量的末端执行器，其重心位置偏离手腕基点越远，对该手腕基点的弯矩越大，所选择的可搬质量要更大一些。一般在搬运（码垛）工业机器人的技术资料中，可以查阅各种规格搬运（码垛）工业机器人的安装尺寸界限图，检查末端执行器的重心会落在哪个搬重范围内。

可搬质量是选择搬运（码垛）工业机器人的基本参数，决不允许搬运（码垛）工业机器人超负荷运行。例如，使用可搬质量为 30 kg 的搬运（码垛）工业机器人携带总质量为 40 kg 的末端执行器及负载长时间运转，必定会大大降低搬运（码垛）工业机器人的重复定位精度，影响工作质量，甚至损坏机械零件，或因过载而损坏搬运（码垛）工业机器人控制系统。

（2）工作空间。手腕基点的动作范围是搬运（码垛）工业机器人名义上的工作空间［在搬运（码垛）工业机器人工作站中它的实际工作空间还要考虑受末端执行器的尺寸，以及周边设备等实际条件的影响］，是搬运（码垛）工业机器人的非常重要的性能指标。在搬运（码垛）工业机器人工作站的集成设计中，首先根据可搬质量和作业要求，初步设计或选用末端执行器，然后确定作业范围，只有作业范围完全落在所选搬运（码垛）工业机器人的工作空间之内，该搬运（码垛）工业机器人才能满足作业范围要求，否则就要更换搬运（码垛）工业机器人型号，直到满足作业范围要求为止。有时还可以通过调整周边设备布局的方式来改变受干涉影响的工作空间。

（3）自由度。搬运（码垛）工业机器人在负载和工作空间方面都满足功能要求后，还要分析它是否可以在作业范围内满足作业的姿态要求。对于简单码垛作业，只需 3 个自由度的圆柱坐标式搬运（码垛）工业机器人即可满足工作要求（即垂直轴的 1 个旋转自由度和本体的 3 个圆柱坐标自由度）。若用垂直关节式搬运（码垛）工业机器人，则由于上臂常向下倾斜，又需要手腕摆动的自由度，故需要 5 个自由度。在实际工作中，还可以使用诸如变位机构等设备或装置增加自由度。目前市场上最常见的搬运（码垛）工业机器人均以 6 自由度为主，可以满足绝大部分应用场景，进行系统集成时要善于使用其他设备的运动自由度来配合搬运（码垛）工业机器人的自由度来更高效地完成工作任务。

2）末端执行器

末端执行器是安装在搬运（码垛）工业机器人手腕上，进行预定作业的一套独立的装置，它是搬运（码垛）工业机器人工作站的核心部件。末端执行器的用途广泛、结构各异，在多数情况下需要进行专门设计。

实质上，搬运（码垛）工业机器人工作站的功能实现均以搬运（码垛）工业机器人的搬运能力为基础，但又不是简单地仅使用搬运（码垛）工业机器人的搬运能力，码垛要在搬运的前提下才能实现，即需要按事先规划好的方式将搬运工件进行规律性的摆放。通常这类工作站的工作都是在搬运之后进行码垛，因此其名称经常是"搬运"和"码垛"同时出现。

搬运（码垛）工业机器人工作站一般具有以下特点。

（1）具有物品的传送装置，其形式要根据物品的特点选用或设计。

（2）可以使物品准确地定位，以便于搬运（码垛）工业机器人抓取。

搬运（码垛）
工业机器人
工作站组成认知

（3）在多数情况下没有托板，或机动或自动地交换托板，有些物品在传送过程中需要整形，以保证码垛质量。

（4）具有专门设计末端执行器以及适合码垛作业的搬运（码垛）工业机器人本体，有时还设置有空托板库，或者用于物品中转摆放的区域。

3. 喷涂工业机器人工作站

喷涂工业机器人是可进行自动喷涂的工业机器人。喷涂工业机器人工作站（图1-5）主要包括喷涂工业机器人本体、控制系统、喷涂系统、安全系统、应用系统以及辅助部分。具体如下。

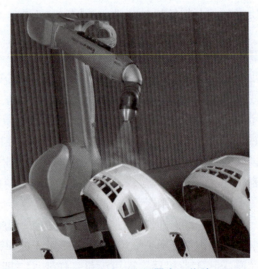

图1-5　喷涂工业机器人工作站

（1）喷涂工业机器人本体包括喷涂工业机器人、喷涂工业机器人控制柜以及示教器。

（2）控制系统是连接整个喷涂工业机器人工作站的主控部分，由PLC、继电器、输入/输出端子组成一个控制柜，接收外部指令后进行判断，然后给喷涂工业机器人本体信号，从而完成信号的过渡、判断和输出，属于整个喷涂工业机器人工作站的主控单元。

（3）喷涂系统包括喷涂电源、喷涂喷头、喷涂材料存储罐和运送机构。

（4）安全系统包括挡光帘、外围工作房和安全光栅。

（5）应用系统包括变位机构、喷涂工装和喷涂相关装置。

（6）辅助部分包括喷涂材料、除尘装置等。

喷涂工业机器人工作站所采用的喷涂工业机器人主要由喷涂工业机器人本体、计算机和相应的控制系统组成。液压驱动的喷涂工业机器人还包括液压油源，如液压泵、油箱和电动机等。喷涂工业机器人多采用5自由度或6自由度关节式结构，手臂有较大的运动空间，并可做复杂的运动，其腕部一般有1~3个自由度，可灵活运动。较先进的喷涂工业机器人腕部采用柔性手腕，既可向各方向弯曲，又可转动，其动作类似人的手腕，能方便地通过较小的孔伸入工件内部，喷涂其内表面。喷涂工业机器人工作站集成设计主要考虑的因素如下。

（1）工作轨迹范围。在选择喷涂工业机器人时需保证喷涂工业机器人的工作范围必须能够完全覆盖所需施工工件的相关表面或内腔。喷涂工业机器人的配置应满足车身表面的喷涂需求。间歇式输送方式喷涂工业机器人还需保证在工件俯视面上的工作范围能够完全覆盖所需施工的工件相关表面。当喷涂工业机器人的工作范围在输送运动方向上无法满足要求时，则需要增加喷涂工业机器人的外部导轨，以扩展其工作范围。

（2）重复精度。对于涂胶工业机器人而言，一般重复精度达到0.5 mm即可，而对于喷涂工业机器人，重复精度要求可低一些，如果使用了翻转台等配套设备，还应该同时考虑这些配套设备的精度。

（3）运动速度及加速度。喷涂工业机器人的最大运动速度或最大加速度越大，意味着喷涂工业机器人空行程所需的时间越短，在一定节拍内喷涂工业机器人的绝对施工时间越长，可提高喷涂工业机器人的使用效率。因此，喷涂工业机器人的最大运动速度及最大加速度是一项重要的技术指标。需注意的是，在喷涂过程中，喷涂工具的运动速度与喷涂工具的特性及材料等因素直接相关，需要根据具体的工艺要求来设定，并不是越大越好。

（4）最大荷载。对于不同的喷涂场合，喷涂过程所需的工具是不同的，喷涂工业机器人手臂的最大承载载荷也不同。此外，由于喷涂工业机器人的技术指标与其价格直接相关，所以要根据具体工艺要求选择性价比高的喷涂工业机器人。

喷涂工业机器人
工作站认知

喷涂工业机器人的大量运用极大地解放了在危险环境下工作的劳动力，也极大地提高了汽车制造企业的生产效率，并带来稳定的喷涂质量，提高了产品的合格率，同时提高了油漆利用率，减少了废油漆、废溶剂的排放，有助于建设环保的绿色工厂。

4. 抛磨工业机器人工作站

抛磨工业机器人工作站（图1-6）可以代替人工处理工件表面毛刺、飞边等多余部分，其效果好、效率高，同时可以避免空气污染、噪声对操作人员身心健康的影响。目前抛磨工业机器人工作站多应用于压铸、硬模浇注、砂型铸造等工序的常规作业。随着经济及技术的发展，抛磨工业机器人工作站和柔性工业机器人自动化解决方案具有巨大的应用市场，目前已经广泛应用于汽车零部件、工业零件、医疗器械和民用产品等高精度的抛光、打磨作业（切割、磨削、抛光、凿边、铣削、去飞边、磨光和去毛刺等）。

抛磨工业机器人工作站采用6自由度抛磨工业机器人，配置动力主轴和抛光、打磨工具等，完成复杂形状铸件的外形和内腔的直边与圆边的抛光、打磨，实现传统去毛刺机床不能承担的抛光、打磨工作，可以在计算机的控制下实现连续轨迹控制和点位控制。

图 1-6　抛磨工业机器人工作站

　　抛光是通过电动机带动海绵或羊毛抛光盘高速旋转，抛光盘和抛光剂共同作用并与工件表面进行摩擦，达到去除漆面污染、氧化层和浅划痕的目的，使工件表面变得光洁透亮，提高美观度。很多家电产品表面光洁透亮，就是经过抛光达到的效果。抛光可分为机械抛光、化学抛光、电解抛光几种。目前抛磨工业机器人使用的抛光方法主要是机械抛光。打磨是对工件表面进行加工处理，以便去除工件尖角、毛刺等多余材料，使工件表面更加平整光洁。常见的抛光、打磨包括机械加工后处理（内腔、内孔去毛刺，孔口、螺纹口去毛刺）、焊缝抛光、打磨（去除焊缝尖角，提高平整度）、铸件抛光、打磨（去除铸造毛刺、飞边）等。

　　从机械加工的角度讲，"磨"和"抛"是两种不同的工艺处理技术，"磨"是去除工件表面的材料，而"抛"则是以提高工件表面的光洁度为主，其去除的工件表面材料可以忽略不计。但是，抛光与打磨的工艺执行方式是类似的，因此，在使用抛磨工业机器人工作站进行抛光与打磨时，对抛磨工业机器人的要求、抛磨工业机器人工作站的形式与结构都非常类似。在很多情况下，抛磨工业机器人能同时完成抛光与打磨两项工作。抛光与打磨的主要不同在于抛光工具与打磨工具不同。打磨要求去除的材料较多，需要的力量较大，打磨工具是硬性材料，能快速切除工件的多余材料，因此常使用各种形式的砂轮；抛光时工件表面已经很平整，抛光主要是为了得到高质量的表面效果，因此抛光工具多以海绵或羊毛类材料制成盘类、带类工具，是软性工具。

　　使用抛磨工业机器人工作站抛光、打磨具有以下优点。

（1）稳定和提高抛光、打磨质量和工件光洁度。

（2）提高生产率，可 24 h 连续作业。

（3）改善工人劳动条件，可在粉尘等有害环境下长期工作。

（4）降低对工人操作技术的要求。

（5）缩短产品改型换代的周期，减少相应的投资。

（6）具有可再开发性。用户可根据不同工件进行二次编程，以便完成不同工件的抛光、打磨工作，增强产品的柔性适应能力。

抛磨工业机器人工作站按照对工件处理方式的不同（即抛磨工业机器人抓取的是工具还是工件），可分为工具型抛磨工业机器人工作站和工件型抛磨工业机器人工作站两种。

工具型抛磨工业机器人工作站工作时，抛磨工业机器人使用不同的抛光、打磨工具对固定位置的工件进行抛光、打磨。抛磨工业机器人包括抛磨工业机器人本体和抛光、打磨工具系统，力控制器和工件变位机构等外围设备，由总控制柜连接抛磨工业机器人和外围设备，总控制柜分别调控抛磨工业机器人和外围设备的各子控制系统，使抛磨工业机器人按照加工需要，分别调用各种抛光、打磨工具，完成工件各部位的不同抛光、打磨工序和工艺加工。

抛磨工业机器人
工作站认知

工件型抛磨工业机器人工作站通过抛磨工业机器人夹持工件，把工件分别送到各种位置固定的抛光、打磨机床设备，分别完成不同工艺和各种工序的打磨、抛光加工。

5. 装配工业机器人工作站

装配工业机器人工作站（图1-7）是指使用一台或多台装配工业机器人，配有控制系统、辅助装置及周边设备，进行装配生产作业，从而完成特定工作任务的生产单元。

图1-7　装配工业机器人工作站

根据装配任务的不同，装配工业机器人工作站也不同。一个复杂机器系统的装配，可能需要一个或多个装配工业机器人工作站共同工作，形成一个装配工业机器人生产线，才能完成整个装配过程。例如汽车装配，其零件数量及种类众多，装配过程非常复杂，每个装配工业机器人工作站能完成规定的装配工作，由多个装配工业机器人工作站组成一条装配工业机器人生产线完成一个项目的装配，由多个装配工业机器人生产线共同作用，完成一个极为复杂的汽车装配任务。

与其他工业机器人比较，装配工业机器人除了具有精度高、柔性好、工作范围小、能与其他系统配套使用等特点外，其结构也与其他工业机器人有所不同。装配工业机器人广泛用于汽车、计算机、玩具、机电产品的装配等方面。

只有装配工业机器人工作站每个环节的控制具有高可靠性和一定的灵敏度，才能确保生产的连续性和稳定性。合理地规划装配线可以更好地保证产品的高精度、高效率、高柔和高质量。装配线主要包括总装线、分装线、工位器具及其他工具等。总装线和分装线采用柔性输送线输送工件，并配置自动化装配设备以提高效率。装配工业机器人工作站的运用对于工业生产的意义如下。

（1）装配工业机器人工作站能提高生产效率和产品质量。装配工业机器人工作站在运转过程中不停顿、不休息，产品质量受人的因素影响较小，产品质量更稳定。

（2）装配工业机器人工作站可以降低生产成本。在成规模生产中，一台装配工业机器人至少能代替 2~4 名工人，且可以 24 h 连续生产。

（3）装配工业机器人工作站容易安排生产计划。

（4）装配工业机器人工作站可缩短产品改型换代的周期，减少相应的设备投资。

（5）装配工业机器人工作站可以把工人从各种恶劣、危险的环境中解放出来，扩大企业的业务范围。

装配工业机器人是柔性自动化装配工作现场中的主要部分，可以在规定的时间里搬运质量从几克到上百千克的工件。装配工业机器人至少有两个可编程序的运动轴，经常用来完成自动化装配工作。装配工业机器人也可以作为装配线的一部分介入节拍自动化装配。

根据运动学结构原理，装配工业机器人有各种不同的工作空间和坐标系统。以下特征参数是必须掌握的。

（1）工作空间的大小和形状。

（2）装配运动方向。

（3）装配力大小。

（4）搬送工件的极限质量。

（5）定位误差的大小。

（6）运动速度（循环时间、节拍时间）。

装配工业机器人
工作站组成认知

装配工业机器人进行装配作业时，零件供给装置、工件搬运装置等周边设备也至关重要。从投资额和占地面积的角度看，它们往往比装配工业机器人所占的比例高。周边设备常由 PLC 控制，如台架、安全栏等。

6. 包装工业机器人工作站

随着企业自动化水平的不断提高，工业机器人自动化生产线的市场越来越大，逐渐成为自动化生产线的主要形式。食品、化工、医药、粮食、饲料、建材和物流等行业已经大量使用包装工业机器人生产线（图 1-8），以保证产品质量，提高生产效率，同时避免了大量工伤事故。包装工业机器人工作站代替了许多传统设备，成为包装领域的重要助手。

图 1-8　包装工业机器人生产线

近半个世纪的包装工业机器人的使用实践表明，包装工业机器人的普及是实现自动化生产、提高社会生产效率、推动企业和社会生产力发展的有效手段。包装工业机器人生产线成套设备已成为自动化装备的主流。

包装工业机器人工作站技术先进、精密和智能，能够增加产量、提高质量、降低成本、减少资源消耗和环境污染，是包装机械自动化水平的高度体现，是实现生产数字化、自动化、网络化以及智能化的重要手段。包装工业机器人工作站在包装行业的应用近年来增长迅速，可见包装工业机器人工作站在包装工业中的发展前景可观。

包装工业机器人工作站的优点如下。

（1）适用性强。当企业生产产品的尺寸、体积、形状及托盘的外形尺寸发生变化时，只需在触摸屏上稍做修改即可，不会影响企业的正常生产。而传统机械式码垛设备的技术更改相当麻烦，甚至无法实现。

（2）可靠性高。包装工业机器人工作站在重复操作时能够始终维持同一状态，不会出现类似人的主观性干扰，因此其操作的可靠性较高。

（3）自动化程度高。包装工业机器人工作站的操作依靠程序控制，无须人工参与，自动化程度高，节省了大量的劳动力。

（4）准确性高。包装工业机器人工作站的操作控制精确，其位置误差基本处于毫米级以下，准确性非常高。

（5）能耗低。通常机械式码垛设备的功率为 26 kW 左右，而包装工业机器人工作站的功率为 5 kW 左右，大大降低了客户的运行成本。

（6）应用范围广。包装工业机器人工作站的用途非常广泛，可以完成抓取、搬运、装卸和堆垛等多项作业。

（7）工作效率高。包装工业机器人工作站的工作速度比较高，而且没有时间间断，因此工作效率较高。

（8）占地面积小。包装工业机器人工作站可以设置在狭窄的空间中，有利于厂房中生产线的布置，并可留出较大的库房面积。

包装工业机器人工作站以装箱工业机器人、码垛工业机器人为核心，控制柜、安全防护系统、托盘库、输送轨道、平移机械手和缠绕包装机等设备相结合，具有高的生产效率和智能性。

（1）装箱工业机器人对包装件进行抓取或吸附，然后送到指定位置的包装箱或托盘中。装箱工业机器人的方向性高，位置自动调节功能强。

（2）码垛工业机器人是机械设备与计算机程序有机结合的产物，为现代生产提供了更高的生产效率。码垛工业机器人要求能准确地对产品进行抓取和堆码，要求稳定性和平衡性较高。

（3）缠绕包装机主要完成箱子的缠绕紧固任务，广泛应用于玻璃制品、五金工具、电子电器、造纸、陶瓷、化工、食品、饮料和建材等行业，能够有效提高物流包装效率，减少运输过程中的损耗，具有防尘等功能。

（4）平移机械手主要由手爪、手臂、机身、基座、升降台和丝杠等组成，具有平移、搬运等多种功能。根据设计所需，如升降台上下移动、机身旋转、手臂伸缩等 3 自由度动作，需要 3 个电动机驱动。利用电动机带动减速器。电动机驱动控制精度高，反应灵敏，可实现高速、高精度的连续轨迹控制。实践证明，平移机械手可以代替人工的繁重劳动，显著降低工人的劳动强度，改善劳动条件，提高劳动生产率和自动化水平。平移机械手在推动工业生产的进一步发展中的作用越来越重要，而且在地质勘测、深海探索和太空侦测等方面显示出优越性，具有广阔的发展前途。

（5）安全防护系统能够减少包装过程中对人体和周边环境的伤害，提高作业安全系数。安全防护系统可以与包装工业机器人通信，完全以自动模式开闭，保护工作人员（与有害物质隔离）。

包装工业机器人
生产线组成认知

从上述工业机器人工作站的应用情况可以看出，工业机器人工作站的名称主要是根据其所应用的行业领域来确定的，如焊接工业机器人工作站；或者直接以工业机器人工作站所完成的工作内容进行命名，如码垛工业机器人工作站。这些名称原则上并不以其集成技术类别为出发点，因此无法从名称上获知更多相关工业机器人工作站进行系统集成时的技术特点。

工业机器人工作站的作用是替代人类完成重复的、枯燥的，甚至危险的各种工作，因此可以通过分析工业机器人工作站在完成工作内容时所起到的实际作用，即通过分析工业机器人第一次与工件"工艺接触"到最后一次"工艺接触"的整个过程中工件所发生的变化情况，对工业机器人工作站类型进行技术划分。根据这个原则，可以将工业机器人工作站分为两大类。

第一大类是"空间位置改变类工业机器人工作站"。在这类工业机器人工作站中，工业机器人通过末端执行器直接抓取或吸附工件（工具），在工业机器人与工件完成最后一次"工艺接触"后，工件仅发生了空间位置改变，在工业机器人与工件进行"工艺接触"的整个过程中，工件的个体特征属性没有任何改变。

该大类包括两个小类：其一是工业机器人仅改变了工件的位置，这类工业机器人工作站有码垛工业机器人工作站、分拣工业机器人工作站等；其二是工业机器人通过改变工件的位置，配合其他工艺操作需求，并形成最终的"新产品"，只是新产品形成在工业机器人与工件完成最后一次"工艺接触"之后，其他工艺操作可能由另外的工业机器人工作站完成，也可能是由人工完成，这类工业机器人工作站有装配工业机器人工作站、人机协作工业机器人工作站等。

第二大类是"特征属性改变类工业机器人工作站"。这类工业机器人工作站中，工业机器人末端执行器通常为焊枪、喷嘴或激光发生器等专业化工具装备，工业机器人在与工件的"工艺接触"过程中直接改变工件的体积、形状、表面状态、内部组织或其他理化性质等特征属性。这类工业机器人工作站的命名可以直接以其末端执行器所完成的工作内容为依据进行，如焊接工业机器人工作站、喷涂工业机器人工作站，激光切割工业机器人工作站等。通常，集成或操作这类工业机器人工作站需要相关人员对其他领域的技术工艺特点具有深入的理解。

任务实施

任务实施单如表1-1所示。

表 1-1 任务实施单

任务名称：（ ）工业机器人工作站功能与组成分析		
班级：	学号：	姓名：
任务实施内容	任务实施心得	
1. 利用互联网进行信息检索，目标为某一类型的工业机器人工作站（非典型应用为最佳）		
2. 描述该工业机器人工作站功能实现过程，详细叙述其工作（工艺）流程，并分析其优、缺点		
3. 分析该工业机器人工作站的硬件设备组成		

一、任务实施分析

本任务要求根据所学知识，完成工业机器人工作站的分析报告，具体任务实施内容如下。

（1）目标工业机器人工作站必须在互联网中进行检索确定，具体类型不限，但不应与本书所介绍的工业机器人工作站相似，可以是工业机器人工作站单元，也可以是工业机器人生产线。

（2）分析目标工业机器人工作站所能实现的功能，并详细叙述其工作（工艺）流程。

（3）分析、陈述目标工业机器人工作站的优、缺点。

（4）分析目标工业机器人工作站的硬件组成。

二、任务评价

确定目标工业机器人工作站，并完成目标工业机器人工作站功能与组成分析报告（不少于 400 字）。

注：应至少包含目标工业机器人工作站功能，设备组成，可实现的工艺流程和优、缺点分析。

任务评价成绩构成如表 1-2 所示。

表1-2　任务评价成绩构成

成绩类别	考核项目	赋分	得分
专业技术	专业信息检索	20	
	专业信息整合	30	
	专业知识应用	30	
职业素养	专业化表达	20	

班级：_____　学号：_____　姓名：_____　成绩：_____

三、需提交材料

提交表1-1和目标工业机器人工作站功能与组成分析报告。

任务2　工业机器人应用系统集成分析

任务解析

在明确了工业机器人应用系统集成的功能需求和主要硬件组成后，需要进一步结合其工艺流程，对各组成部分进行细化的技术分析，即从工艺流程中的每个工作节点出发，对其具体的技术解决方案进行确定，并将具体技术执行职责在各组成部分间进行划分。

本任务介绍如何从工业机器人应用系统集成的基本要求出发，经过系统化和专业化的分析，逐步明确工业机器人应用系统集成各环节的重要工作。

知识链接

一、工业机器人应用系统集成的基本要求

由于工业机器人应用系统灵活多变、关联因素众多，所以在规划工业机器人应用系统集成方案时，需要将各种关联因素提炼出来，在满足系统实现效果基本要求的前提下，统筹规划，合理布局，以规划设计出符合生产实际的最优方案。

工业机器人应用系统集成与其他自动化设备集成的过程类似，主要内容包括：充分分析作业对象（或实现技术特点）、制定合理的作业流程或工艺流程（应满足作业任务的功能要求、生产环境要求、生产节拍要求、安全规范要求等）、采购或自行设计制造配套设备、组装调试设备等。其中分析作业对象和制定合理的作业流程是工业机器人应用系统集成方案制定阶段的关键环节，而工业机器人应用系统集成方案的优劣将直接关系到设备的最终实现效果。具体内容如下。

1. 对作业对象的分析

对作业对象（工件及其工艺要求）进行细致的分析，是整个工业机器人应用系统集成设计过程的关键环节，它直接影响工业机器人应用系统的总体布局、工业机器人型号的确

定、末端执行器及外围设备的选择等众多关键内容。一般来说，主要针对工件的以下几个方面进行分析。

（1）形状：决定末端执行器的形式、夹具的结构及工件的定位基准。

（2）尺寸及精度要求：确定工业机器人应用系统的作业范围和控制精度。

（3）材料和强度：对夹具结构的设计、动力形式的选择、末端执行器的结构及其他辅助设备的选择都有直接影响。

（4）质量：当工件安装在夹具上时，需要特别考虑工件的质量和夹紧时的受力状况；当工件需要由工业机器人搬运或抓取时，工件的质量成为选择工业机器人型号的最主要的依据。

（5）作业顺序和工艺要求：是用户对工业机器人应用系统集成提出的技术期望，是项目可行性研究和工业机器人应用系统集成方案设计的主要依据（也可以称为工艺流程）。

2. 功能要求和生产环境要求

工业机器人工作站的生产作业是由工业机器人、末端执行器及外围设备等具体完成的，虽然其中处于主导地位的是工业机器人，但在进行工业机器人选型时必须首先考虑作业任务的功能要求和生产环境要求，在选配其他设备时，也要优先考虑作业任务的功能要求和生产环境要求。因为工业机器人应用系统集成的目标不同，其他设备类型选配也不尽相同，所以此处仅从工业机器人方面进行考虑。

1）功能要求

在选择工业机器人时，为了满足作业任务的功能要求，需要从工业机器人的承载能力、工作空间、自由度等方面进行分析，只有当这些技术参数同时满足要求或增加辅助装置后能满足要求时，所选用的工业机器人才是可用的。

（1）确定工业机器人的承载能力。工业机器人手臂所能抓取的质量是工业机器人的重要性能指标。

（2）确定工业机器人的工作空间。工业机器人手腕基点的动作范围即工业机器人的工作空间，它是工业机器人的另一个重要性能指标。需要注意的是，腕部安装末端执行器后，作业时实际的工作点会发生变化。

（3）确定工业机器人的自由度。工业机器人在承载能力和工作空间上满足工业机器人应用系统的功能要求后，还要分析它是否可以在作业范围内满足作业姿态的要求。工业机器人的自由度越多，其机械结构与控制系统就越复杂。在通常情况下，对于自由度较少的工业机器人能够完成的作业，不应盲目选用自由度较多的工业机器人去完成，以免造成系统性能的浪费，以及投资和运行维护成本的增加。

此外，工业机器人的选用经常受到市场供应因素的影响，因此还需要考虑市场价格，只有市场价格合理、性能可靠且具有较好售后服务的工业机器人才是最佳选择。

2）生产环境要求

目前，工业机器人在许多生产领域都得到了广泛应用，如搬运、码垛、焊接、装配、喷涂等领域，各种应用领域必然有各自不同的生产环境条件。因此，系统集成商应根据不同的生产环境和作业特点，不断地研究、开发和生产不同类型的工业机器人应用系统，以供用户选择。

系统集成商需要确定自己的产品最适用的应用领域，这不仅需要考虑用户的功能要求，还要考虑应用中可能出现的生产环境问题，如粉尘、温度、湿度等。在一些特殊的生产环境中，需要使用特种工业机器人才能完成相应的任务，如防爆工业机器人、水下工业机器人等，这就不只需要系统集成商的单方面努力了，此时首先需要工业机器人制造商研制出适合特殊工况下使用的工业机器人，系统集成商才能考虑后续的工业机器人应用系统集成问题。

3. 生产节拍要求

生产节拍又称为需求周期，是指在一定时间内，可用工作时间与用户需求量的比值，单位为 h/件。生产节拍（T）的计算公式为

$$T = \frac{T_a}{T_d}$$

式中　T_a——可用工作时间（h/天）；

　　　T_d——用户需求量（件/天）。

生产节拍是一个目标时间，它随需求量和需求期内有效工作时间的变化而变化，一般是人为确定的。对于特定的生产设备，生产节拍在一定范围内应该是可以调整的，但也仅能在该范围内调整生产节拍。

生产周期是指完成一次完整的生产过程所需的时间，包括从原材料采购到产品制造、包装和交付，甚至延伸至售后服务期内的整个过程。生产周期是生产效率的指标，受设备生产能力、生产工艺方法等因素的影响，可通过优化管理和技术改进等方法进行提升。

在工业机器人应用系统集成总体设计阶段，首先要根据用户需求量计算出生产节拍，然后对具体工件进行分析，计算每个处理动作的时间，确定完成单个工件处理作业的生产周期。将生产周期与生产节拍进行比较，当生产周期小于生产节拍时，说明工业机器人应用系统可以完成预定的生产任务；当生产周期大于生产节拍时，说明工业机器人应用系统不具备完成预定生产任务的能力，这时需要重新研究工业机器人应用系统集成的总体设计与构思。

4. 安全规范要求

工业机器人是一种较为特殊的机电体一化设备。作为工业机器人应用系统的主体，它与其他设备的运行特性不同。工业机器人工作时，其手臂要经常高速掠过工业机器人工作站范围内的空间，其各关节的运动形式和启动时刻难以预料，有时会随作业类型和生产环境的变化而改变。因此，工业机器人的工作空间经常与其周边设备的工作区域重合，极易产生碰撞、夹挤，或由于手爪松脱而出现工件飞出等危险，特别是工业机器人应用系统中有多台工业机器人协同工作时，发生危险的可能性更高。同时，维修及编程人员有时需要在关节驱动器通电的情况下进入工作空间。

此外，除了工业机器人外，在工业机器人应用系统集成时会大量配置、使用其他设备或装置，其中有的是标准化程度很高的成套设备，可以直接参考相应的安全标准执行，有些则是为了实现工艺目标而配置的完全非标化设计产品，它们会使相应的安全要求变得更加复杂多变，因此，在工业机器人应用系统集成设计中，必须充分考虑各种可能出现的危险情况，预估事故发生的风险，制定相应的安全规范及标准。

《中华人民共和国国民经济和社会发展第十四个五年规划和 2035 年远景目标纲要》明确了完善和落实安全生产责任制，建立公共安全隐患排查和安全预防控制体系；建立企业

全员安全生产责任制度，压实企业安全生产主体责任；加强安全生产监测预警和监管监察执法，深入推进危险化学品、矿山、建筑施工、交通、消防、民爆、特种设备等重点领域安全整治，实行重大隐患治理逐级挂牌督办和整改效果评价；推进企业安全生产标准化建设，加强工业园区等重点区域安全管理；加强矿山深部开采与重大灾害防治等领域先进技术装备创新应用，推进危险岗位工业机器人替代；在重点领域推进安全生产责任保险全覆盖。

二、工业机器人应用系统集成的一般过程

工业机器人应用系统集成主要包括硬件集成和软件集成两个方面。硬件集成需要根据需求对各设备接口进行统一定义，以满足通信要求；软件集成则需要对整个系统的信息流进行综合，然后控制各设备按流程运转。

在硬件集成中，需要进行输入设备（如操作按钮、转换开关、模拟量的信号输入装置等）、执行元件（如接触器、电磁阀、信号灯等）及工业机器人应用系统控制装置的设计；根据 PLC 使用手册的说明，对 PLC 进行 I/O 通道分配及外部接线设计。

在软件集成中，首先要编写工艺流程图，将整个工艺流程分解为若干步，确定每步的转换条件，配合分支、循环、跳转及某些特殊功能编制程序梯形图。在编制程序梯形图时，项目经验的积累会起到非常重要的作用。软件设计可以与现场施工同步进行，即在硬件集成完成后，同时进行软件集成和现场施工，以缩短项目周期。

工业机器人应用系统集成的一般过程通常按照工业机器人应用系统的可行性分析、工业机器人应用系统的详细设计、工业机器人应用系统的制造与装调、工业机器人应用系统的交付使用四个步骤进行。

1. 工业机器人应用系统的可行性分析

在引入工业机器人应用系统之前，必须仔细分析工业机器人的应用目的与技术要求，对所要设计的项目进行可行性分析。可行性分析主要包括技术上的可行性与先进性、投资上的可能性与合理性、工程实施的可能性与可变更性三个方面。

1）技术上的可行性与先进性

技术上的可行性与先进性是可行性分析要解决的首要问题，对该问题按以下四步进行分析。

（1）进行可行性调查。可行性调查主要包括作业现场调查和相似作业实例调查。

（2）在取得充分的调查资料后，进行技术方案的初步规划，规划工作包括：①分析作业量及难度；②编制作业流程卡片；③绘制时序表，确定作业范围，并初步选择工业机器人的型号；④确定相应的外围设备；⑤确定作业难点，并进行试验取证；⑥确定人工干预程度等。

（3）提出若干规划方案，并绘制工业机器人应用系统的平面配置图，编制说明文件。

（4）对各方案的先进性进行评估，包括工业机器人、末端执行器、外围设备、工业机器人应用系统控制装置、通信系统等的先进性。

2）投资上的可行性与合理性

为了保证项目在投资上的可行性与合理性，需要根据前面提出的技术方案，对工业机器人、末端执行器、外围设备、工业机器人应用系统控制装置及安全保护设备等进行逐项

估价，并考虑工程进行中可以预见和不可预见的附加开支，按工程计算方法科学计算并得出初步的工程造价。

3）工程实施的可能性与可变更性

对于满足前两个方面要求的技术方案，还要进行工程实施的可能性与可变更性分析。因为各元件和设备在制造、选购、运输与安装的过程中可能出现一些不可预见的问题，所以必须准备好替代方案来应对这些问题。

2. 工业机器人应用系统的详细设计

对工业机器人应用系统的可行性分析过程中所选定的初步技术方案进行详细的设计与开发，并对关键技术和设备进行局部试验，然后绘制施工图和编写说明书。该过程包括以下几个方面。

（1）规划及系统设计：包括设计单位内部的任务分配、对工业机器人进行考查与询价、编制规划单、设计运行系统、规划外围设备（如辅助设备、安全装置等）等内容。

（2）布局设计：包括选择工业机器人的类型，配置人机系统，确定作业对象的物流路线、电/液/气系统的走线、操作箱和控制柜的位置，配置安全设施等内容。

（3）扩大工业机器人工作空间辅助设备的选用与设计：主要任务是选用与设计工业机器人用以完成作业的末端执行器固定和改变作业对象位姿（位置和姿态）的夹具和变位机构、改变工业机器人动作方向和范围的机座等设备部件。一般来说，这部分的工作量最大。

（4）外围设备和安全装置的选用与设计：包括选用与设计外围设备和安全装置（如围栏、安全门等），以及改造现有设备等内容。

（5）工业机器人应用系统控制装置的设计：包括以下几个方面的内容——①选定系统的标准控制类型及性能，确定系统的工作顺序与工艺、连锁与安全设计；②对液压气动设备、电气设备、电子设备、备用设备等进行试验；③设计电气控制线路；④设计工业机器人线路及整个系统线路等。

（6）支持系统的设计：包括编制故障排除与修复方法、编制停机时的应对策略、准备意外情况时的急救措施及筹划备用设备等内容。

（7）工程施工设计：包括编写工业机器人应用系统说明书、工业机器人详细性能和规格说明书、标准件说明书，接收检查文本，绘制施工图纸，编写施工图纸清单等内容。

（8）编制采购资料：包括编写工业机器人估价委托书，检测工业机器人性能并记录检测结果，编制标准件采购清单、重要操作人员培训计划、维护说明及各项预算方案等内容。

3. 工业机器人应用系统的制造与装调

工业机器人应用系统的制造与装调是根据详细设计阶段确定的施工图纸和工业机器人应用系统说明书等进行布置、工艺分析、采购、制作，然后进行安装、测试、调速，使之满足预期的技术要求，同时对管理人员、操作人员进行培训。该过程主要包括以下几个方面。

（1）制造准备：包括进行制造估价，拟定售后服务与保证事项，签订制造合同，选定培训人员及实施培训等内容。

（2）制造与采购：包括设计加工零件的制造工艺、加工零件、采购标准件、检查工业机器人性能、进行采购件的验收检查及故障处理等内容。

（3）安装与试运行：包括安装总体设备，进行试运行检查、高速试运行、连续试运行，对工业机器人应用系统进行工作循环、生产试车、维护维修、培训等内容。

（4）连续运行：包括按规划中的要求进行系统的连续运转和记录、发现和解决异常问题并实地改造、接受用户检查、编写验收总结报告等内容。

4. 工业机器人应用系统的交付使用

工业机器人应用系统装调完成后，需要交给用户验收，验收合格后便可交付使用。验收的内容主要包括外观检查、实物核对和技术验收三个方面。其中，外观检查需要确认设备及其主要附件是否完好；实物核对需要确认设备的品牌、种类、数量、型号、规格是否符合设计要求，附件、零配件是否齐全，设备的说明书、合格证、保修卡、随机资料/软件等是否齐全；技术验收时要检查安装、调试、运行是否顺利，技术指标与性能、功能是否符合设计要求等。

系统集成商在工业机器人应用系统装调完成后、交付使用前，需要编制工业机器人应用系统说明手册。工业机器人应用系统说明手册应考虑工业机器人应用系统使用过程中的各环节，包括运输、装配、安装、试运行、操作使用（包括开机、关机、设置、示教/编程、进程切换、操作、清洁、故障检查与维修），在某些场合应包括结束试运行、拆卸及处理等方面的内容。工业机器人应用系统说明手册还应包括工业机器人应用系统与上层及下层进程之间的接口（物理接口、机械接口及功能接口）信息。

工业机器人应用系统交付使用后，为了达到预期的性能和目标，系统集成商应通常要对工业机器人应用系统进行维护和改进并进行综合评估，主要包括以下三方面内容。

（1）运转率检查：包括测定正常运转率、周期循环时间与产量，分析停车现象与故障原因等内容。

（2）工业机器人应用系统改进：包括正常生产必须改造事项的选定及实施、今后改进事项的研讨及规划等内容。

（3）工业机器人应用系统评估：包括技术评估、经济评估、对现在效果和将来效果的研讨及总结报告编写等内容。

由此可以看出，在工业生产中，引入工业机器人应用系统是一项相当细致且复杂的工程。它涉及机械、电子、通信等诸多技术领域，不仅对技术水平有严格要求，还要从经济效益、社会效益、企业发展等方面进行可行性分析。只有立项正确、投资准、选型好、设备经久耐用，才能最大限度地发挥工业机器人应用系统的优越性，提高生产效率。

三、工业机器人应用系统集成的技术解析和流程分析案例

工业机器人应用系统集成的技术出发点始于客户的具体要求，因此工业机器人应用系统集成的第一步必须是了解并分析客户提出的技术要求。

假设某客户对搬运（码垛）工业机器人工作站提出的基本技术要求如表1-3所示。

表1-3　搬运（码垛）工业机器人工作站客户需求信息

工件参数	工艺过程
①规格：50 mm×50 mm×50 mm； ②材质：POM	①自动取料、自动供料、自动输送； ②各动作节点具有工件位置检测功能； ③在码盘上实现单层码垛； ④具有必要的安全措施

根据表 1-3 所示的客户需求信息可以确定该搬运（码垛）工业机器人工作站硬件组成如表 1-4 所示。

表 1-4　搬运（码垛）工业机器人工作站硬件组成

硬件名称	对应的技术要求
①6 自由度搬运（码垛）工业机器人	工件的自动取料、搬运和码垛
②料库码盘（带位置传感器）	供搬运（码垛）工业机器人自动取料，可检测是否有工件待取
③供料井（带位置传感器）	为输送带供料，可检测是否有工件待输送
④推料气缸	将工件从供料井中推至输送带上
⑤输送带系统（带位置传感器）	输送工件，可检测是否有工件待传输或抓取
⑥仓库码盘（带位置传感器）	码垛摆放工件，可检测是否有工件待摆放

分析客户需求，得出搬运（码垛）工业机器人工作站控制流程，如图 1-9 所示。

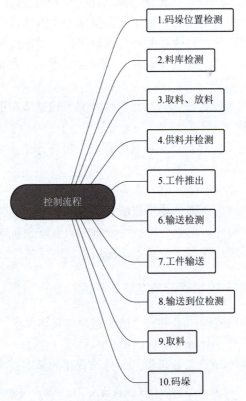

图 1-9　搬运（码垛）工业机器人工作站控制流程

图 1-9 中方框中数字代表该工序在控制流程中的顺序位置，每个工序都需要配置相应的硬件（即执行元件）完成。例如，输送检测需要传感器检测输送带上是否有工件，工件输送需要电动机带动同步带完成等。将这些执行元件对应填充入控制流程图，即得到图 1-10 中所示的搬运（码垛）工业机器人工作站控制硬件成分，根据该图可以完成初步

的搬运（码垛）工业机器人工作站功能及相应实现技术分析。

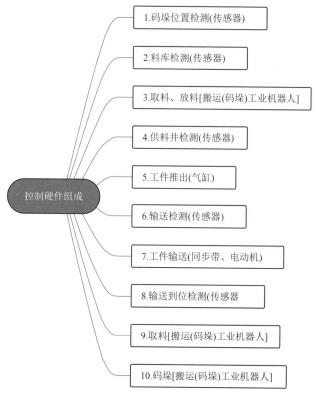

控制硬件组成

1.码垛位置检测(传感器)

2.料库检测(传感器)

3.取料、放料[搬运(码垛)工业机器人]

4.供料井检测(传感器)

5.工件推出(气缸)

6.输送检测(传感器)

7.工件输送(同步带、电动机)

8.输送到位检测(传感器

9.取料[搬运(码垛)工业机器人]

10.码垛[搬运(码垛)工业机器人]

图 1-10　搬运（码垛）工业机器人工作站控制硬件组成

任务实施

任务实施单如表 1-5 所示。

表 1-5　任务实施单

任务名称：装箱工业机器人工作站技术解析与流程分析		
班级：	学号：	姓名：
任务实施内容	任务实施心得	
1. 工件参数与功能要求： ①工件规格：40 mm×40 mm×20 mm； ②装箱要求：3×3 个/层，共3层； ③进行工件装箱操作； ④码盘供料； ⑤完成单箱装箱即可； ⑥确定装箱工业机器人工作站硬件组成		

项目一　工业机器人应用系统集成基本方案制定

续表

任务实施内容	任务实施心得
2. 分析装箱工业机器人工作站控制流程，并对相应硬件进行正确的功能分析与匹配	_____
3. 根据装箱工业机器人工作站功能要求，制定科学、完整的装箱工业机器人工作站工作流程	_____
4. 进行装箱工业机器人工作站其他硬件组成分析	_____

一、任务实施分析

装箱工业机器人工作站是包装自动化生产线中必备的工业机器人工作站单元之一，其属于"空间位置改变类工业机器人工作站"的类型范畴。

本任务的目标是对一个装箱工业机器人工作站进行技术解析和相应的流程分析，任务实施内容具体如下。

（1）根据装箱工业机器人工作站所要实现的功能要求，进行硬件组成选配。

（2）根据装箱工业机器人工作站所要实现的功能要求，进行工作流程制定。

（3）根据装箱工业机器人工作站工作流程，进行控制流程分析。

（4）根据装箱工业机器人工作站控制流程，进行硬件功能分析与匹配。

（5）根据装箱工业机器人工作站所要实现的功能要求，进行其他非控制环节硬件功能分析与匹配。

二、任务评价

任务评价成绩构成如表1-6所示。

表1-6　任务评价成绩构成

成绩类别	考核项目	赋分	得分
专业技术	装箱工业机器人工作站控制流程分析	35	
	功能实现类硬件组成解析	35	
	其他硬件集成	10	
职业素养	专业化表达	20	

班级：＿＿＿＿＿＿　学号：＿＿＿＿＿＿　姓名：＿＿＿＿＿＿　成绩：＿＿＿＿＿＿

三、需提交材料

提交表1-5、表1-6。

思考与练习

一、填空题

工业机器人应用系统集成的主要部分包括（　　　　）、（　　　　）、（　　　　）等。其中（　　　　）是工业机器人应用系统集成的基础，（　　　　）是工业机器人应用系统中动作的执行者。

二、问答与思考题

1. 工业机器人应用系统集成的最终目的什么？

2. 常见的典型工业机器人工作站有哪些？（至少举出5种应用案例）

3. 搬运（码垛）工业机器人工作站的功能有哪些？简述如何实现这些功能。

4. 搬运（码垛）工业机器人工作站的可以实现的工艺功能有哪些？简述如何实现这些工艺功能。

5. 简述搬运（码垛）工业机器人工作站的工序组成，写出对应工序所需的硬件配置。

6. 工业机器人应用系统集成的步骤有哪些？尝试用流程图的形式描述一个完整的工业机器人应用系统集成过程。

项目总结

机器人作为一种高度自动化、智能化的机械装备，越来越受到世人的瞩目，也越来越多地应用于人们的生活和工作中。其实作为一种自动化机械，机器人早就被我国古人发明出来并且应用于很多方面。《列子·汤问》中记载，有一位能工巧匠名叫作偃师，他用皮革、木料、胶水、漆料制造了能自动行走的"机器人"献给了周穆王，这个"机器人"不仅外形生动，而且能缓行快跑、表演歌舞，跟真人一样。《墨经》中记载，春秋时期鲁班用木料和竹子制造出一个木鸟（图1-11），它能像鸟类一样在空中飞行，"三日不落"，可称得上世界第一款"空中机器人"。《三国志》中记载，在三国时期，诸葛亮制造出

"木牛流马"，其可以运送军用物资，可谓是最早的"陆地军用机器人"。

图 1-11　木鸟

在现代工业领域，通过工业机器人应用系统集成，形成可以实施自动化作业的工业机器人工作站，无疑是一个十分复杂的过程，它不仅包括多个技术领域专业知识的应用，还包括营销、管理等其他非技术层面的内容，是一项综合性非常高的工作。本项目从认识工业机器人应用系统集成的角度出发，阐述了工业机器人应用系统集成的目标——工业机器人工作站的定义和本质，并通过两个任务的实施，让学生在技术方案规划层面进一步体会工业机器人应用系统集成的方法及其现实意义。

项目二 运动控制模块系统集成技术应用

项目导入

工业机器人工作站（或生产线）属于现代自动化设备（图2-1），这类设备工作时虽然会尽量减少人的参与，但是也正是因为减少了人的参与才需要对设备的每个运动过程实施精准的控制，从而最终达到代替人去精准地完成某项工作的目的。因此，对于自动化设备来说，其运动控制模块是核心系统。在工业机器人应用系统集成中，工业机器人的运动控制已经由制造商完成，集成时只需根据要实现的工艺过程进行精度等技术指标的选型即可，其他配套设备中凡是具有运动功能的也要进行类似的选型配置，尤其是用户自己设计的一些运动设备或机构装置。在进行工业机器人应用系统集成设计时必须考虑合适的运动控制方法，用经济、合理的方法实现工业机器人应用系统功能所需的运动控制。

图2-1 工业机器人工作站

本项目讲解了变频控制和伺服控制这两个目前最常见的运动控制方式，对它们的概念、意义等进行了详细阐述，并安排了两个针对性的任务，进一步说明这两种控制方式的实际意义和区别，最后对运动控制目前在工业机器人应用系统集成中最典型的表现形式——人机交互系统的应用进行了讲解和实践。学生通过上述三个方面的内容，可以清晰地领会自动化设备中的运动功能是如何实现的。

学习目标

知识目标

（1）能够准确表述通用变频器的工作原理、类型和用法。

(2) 能够准确表述机电伺服系统的工作原理、基本组成和类型。

能力目标

(1) 能够合理选择运动控制方式实现工业机器人工作站的运动功能。

(2) 能够搭建基础的机电伺服系统。

(3) 能够使用组态软件搭建、调试人机交互界面。

素质目标

(1) 培养学生在应用专业知识时勇于攻坚克难的工匠精神。

(2) 培养学生在开展项目任务时勇于创新的专业素质。

(3) 培养学生在执行项目任务时的现场管理素质。

项目实施

任务 1　变频控制技术应用

任务解析

由于工业机器人的运动控制已经在出厂时确定，使用工业机器人时只是选择应用，所以工业机器人应用系统集成的运动控制技术多集中在其他外围设备上，尤其需要设计一些可以运动的非标准设备或者运动机构。在一些相对简单的工业机器人应用场合中，对于电动机运行速度的控制实际上要求并不复杂，也不需要速度有太频繁或者大范围的变化，经常只需要几个挡位的速度控制就能满足实际使用需求，因此变频器的多段速控制是十分实用的功能。

本任务从介绍变频器的概念、主要类型及选用原则等基础专业知识出发，通过"直流电动机三段速正反转变频控制"任务的实施，使学生更加直观地了解变频器在机电设备运动控制中的使用方法。

知识链接

一、认识变频器

通俗地讲，变频器（Variable Voltage Variable Frequency，VVVF）就是一种静止式的交流电源供电装置，其功能是将工频交流电源（三相或单相）变换成频率连续可调的三相交流电源。变频器的概念描述为：利用电力电子器件的通断作用将电压和频率固定不变的工频交流电源变换成电压和频率可变的交流电源，供给交流电动机实现软启动、变频调速、提高运转精度、改变功率因数、过流/过压/过载保护等功能的电能变换控制装置称为变频器。

变频器的控制对象是三相交流异步电动机和同步电动机，标准控制电动机级数是2/4级。变频器电气传动的优势如下。

（1）平滑软启动，减小启动冲击电流，减少变压器占有量，确保电动机安全。

（2）在机械允许的情况下可通过提高变频器的输出频率提高工作速度。

（3）无级调速，调速精度大大提高。

（4）电动机正反向无须通过接触器切换。

（5）方便接入通信网络，实现生产自动化控制。

西门子 V20 变频器如图 2-2 所示。

图 2-2　西门子 V20 变频器

二、变频器的分类

变频器的分类有以下几种形式。

1. 按直流电源的性质分类

变频器中间直流环节用于缓冲无功功率的储能元件可以是电容或电感，据此变频器可分为电压型变频器和电流型变频器两大类。

1）电流型变频器

电流型变频器的特点是中间直流环节采用大电感作为储能元件，无功功率由该电感来缓冲。由于电感的作用，直流电流趋于平稳，电动机的电流波形为方波或阶梯波，电压波形接近正弦波。直流电源内阻较大，近似电流源，故称为电流型变频器。

电流型变频器的较突出的优点是，当电动机处于再生发电状态时，回馈到直流侧的再生电能可以方便地回馈至交流电网，不需要在主电路内附加任何设备。电流型变频器常用于频繁急加减速的大容量电动机的传动，在大容量风机、泵类节能调速中也有应用。

2）电压型变频器

电压型变频器的特点是中间直流环节的储能元件采用大电容，用来缓冲负载的无功功率。由于大电容的作用，主电路直流电压比较平稳，电动机的端电压波形为方波或阶梯波。直流电源内阻比较小，相当于电压源，故称为电压型变频器。对负载而言，变频器是一个交流电压源，在不超过容量限度的情况下，可以驱动多台电动机并联运行，具有不选择负载的通用性。其缺点是电动机处于再生发电状态时，回馈到直流侧的无功能量难以回馈至交流电网。要实现这部分能量向电网的回馈，必须采用可逆变流器。

2. 按变换环节分类

1）交—交变频器

交—交变频器可以将工频交流电直接变换成频率电压可调的交流电（转换前后的相数相同），又称为直接式变频器。对于大容量、低转速的交流调速系统，常采用晶闸管交—交变频器直接驱动低速电动机，可以省去庞大的齿轮减速箱。其缺点是最高输出频率不超过电网频率的 $1/3\sim1/2$，且输入功率因数较小，谐波电流含量大，谐波频谱复杂，因此必须配置大容量的滤波和无功补偿设备。

近年来，又出现了一种应用全控型开关器件的矩阵式交—交变压变频器，在三相输入与三相输出之间用 9 组双向开关组成矩阵阵列，采用 PWM 控制方式，可以直接输出变频电压。这种调速方法的主要优点如下。

（1）输出电压和输入电流的低次谐波含量都较小。

（2）输入功率因数可调。

（3）输出频率不受限制。

（4）能量可双向流动，可以实现四象限运行。

（5）可以省去中间直流环节的电容元件。

交—交变频器自从 20 世纪 70 年代末被提出以来，一直受到电力电子学科研工作者的高度重视。

2）交—直—交变频器

交—直—交变频器是先把工频交流电通过整流器变换成直流电，然后把直流电变换成频率电压可调的交流电，又称为间接式变频器。把直流电逆变成交流电的环节较易控制，因此交—直—交变频器在频率的调节范围，以及改善变频后电动机的特性等方面都具有明显的优势。

交—直—交变频器采用了多种拓扑结构，如中—低—中结构，其实质上还是低压变频，只不过从电网和电动机两端来看是高压。由于其存在中间低压环节，所以具有电流大、结构复杂、效率低、可靠性差等缺点。随着中压变频技术的发展，特别是新型大功率可关断器件的研制成功，中—低—中结构有被逐步淘汰的趋势。

3. 按输出电压调节方式分类

变频调速时，需要同时调节逆变器的输出电压和频率，以保证电动机主磁通恒定。对输出电压的调节主要有 PAM 方式和 PWM 方式两种。

1）PAM 方式

脉冲幅值调制方式（Pulse Amplitude Modulation，PAM）是通过改变直流电压的幅值进行调压的方式。在变频器中，逆变器只负责调节输出频率，而输出电压的调节则由相控整流器或直流斩波器通过调节直流电压实现。在此种方式下，系统低速运行时谐波与噪声都比较大，所以当前几乎不采用，只在与高速电动机配套的高速变频器中采用。

2）PWM 方式

在脉冲宽度调制方式（Pulse Amplitude Modulation，PWM）下，变频器整流电路采用二极管整流电路，输出频率和输出电压的调节均由逆变器以 PWM 方式来完成。调压时利用参考电压波与载波三角波互相比较决定主开关器件的导通时间而实现调压，利用脉冲宽度的改变得到幅值不同的正弦基波电压。这种参考信号为正弦波、输出电压平均值近似正弦波的 PWM 方式称为正弦 PWM 方式，又称为正弦 PWM 调制，简称 SPWM（Sinusoidal Pulse Width Modulation）方式。

3）高载波变频率的 PWM 方式

此种方式与上述 PWM 方式的区别仅在于其调制频率有很大提高。主开关器件的工作频率较高，常采用 IGBT 或 MPSFET 为主开关器件，开关频率可达 10～20 kHz，可以大幅度减小电动机的噪声，达到所谓的"静音"水平。

当前此种高载波变频器已成为中小容量通用变频器的主流，其性价比能达到较令人满意的水平。

4. 按控制方式分类

1）U/f 控制

U/f 控制即压频比控制，它的基本特点是同时对变频器输出的电压和频率进行控制，通过保持压频比恒定使电动机获得所需要的转矩特性。

U/f 控制是转速开环控制，无须速度传感器，控制电路简单，负载可以是通用标准异步电动机，因此通用性、经济性高，是目前通用变频器中使用较多的一种控制方式。

2）转差频率控制

如果没有任何附加措施，则在 U/f 控制方式下，当负载变化时，转速也会随之变化，转速的变化量与转差率成正比。显然，U/f 控制的静态调速精度较低，为了提高调速精度，可采用转差频率控制方式。

与 U/f 控制方式相比，转差频率控制方式的调速精度大为提高，但使用速度传感器求取转差频率，要针对具体电动机的机械特性调整控制参数，因此这种控制方式的通用性较低。

3）矢量控制

上述 U/f 控制方式和转差频率控制方式的思想都建立在异步电动机的静态数学模型上，因此动态性能不高。对于轧钢、造纸设备等对动态性能要求较高的应用，可以采用矢量控制方式。

采用矢量控制方式的目的主要是提高变频器调速的动态性能。根据交流电动机的动态数学模型，利用坐标变换的手段，将交流电动机的定子电流分解成磁场分量电流和转矩分量电流，并分别加以控制，即模仿自然解耦的直流电动机的控制方式，对电动机的磁场和转矩分别进行控制，以获得类似直流调速系统的动态性能。

5. 按电压等级分类

变频器按电压等级可分为两类。

1）低压变频器

低压变频器的电压等级为 380～460 V，常见的中小容量通用变频器均属于此类。单相变频器的额定输入电压为 220～240 V，三相变频器的额定输入电压为 220 V 或 380～400 V，功率为 0.2～500 kW。

2）高（中）压变频器

通常高（中）压（3 kV、6 kV、10 kV 等级）电动机多采用在电动机外配置机械减速方式调速，综合性能不高，在此领域节能及提高调速性能潜力巨大。随着变频器技术的发展，高（中）压变频器也成为自动控制技术的热点。

6. 按用途分类

根据变频器性能及应用范围，可以将变频器分为以下几种类型。

1）通用变频器

顾名思义，通用变频器的特点是其具有较高的通用性，可以驱动通用标准异步电动机，应用于工业生产及民用各领域。随着变频器技术的发展和市场需要的不断扩大，通用变频器朝着两个方向发展：低成本的简易型通用变频器和高性能多功能通用变频器。

简易型通用变频器是一种以节约为主要目的而消减了一些系统功能的通用变频器。它主要应用于水泵、风扇、送风机等对系统的调速性能要求不高的场合，并且具有体积小、价格低等方面的优势。

为了适应竞争日趋激烈的变频器市场的需要，目前世界上一些较大的变频器厂家已经推出了采用矢量控制方式的高性能多功能通用变频器，此类变频器在性能上已经接近以往高端的矢量控制变频器，但在价格上与普通 U/f 控制变频器相差不多。

2）高性能专用变频器

与通用变频器相比，高性能专用变频器基本上采用矢量控制方式，而驱动对象通常是变频器厂家指定的专用电动机，并且主要应用于对电动机的控制能性要求比较高的系统。此外，高性能专用变频器往往是为了满足某些特定产业或区域的需要，使变频器在该区域具有最高的性能价格比而设计生产的。例如，在专用于驱动机床主轴的高性能专用变频器中，为了便于数控装置配合完成各种工作，其主电路、回馈制动电路和各种接口电路等被做成一体，从而达到了减小体积和降低成本的要求。在纤维机械驱动方面，为了便于大系统的维修保养，高性能专用变频器则采用可以简单地进行拆装的盒式结构。

3）高频变频器

在超精密加工和高性能机械中，常常要用到高速电动机。为了满足驱动这些高速电动机的需要，出现了采用 PAM 控制方式的高速变频器。这类变频器的输出频率可以达到 3 kHz，在驱动 2 极异步电动机时，电动机最高转速可达到 180 000r/min。

4）小型变频器

为了适应现场总线控制技术的要求，变频器必须小型化，与异步电动机结合在一起，组成总线上的一个执行单元。现在市场上已经出现了小型变频器，其功能比较齐全，而且通用性高。例如，安川公司的 VS-mini-J7 型变频器的高度只有 128 mm，三垦公司的 ES、EF、ET 系列产品也是小型变频器。

三、变频器的选用

变频器的选用包括变频器的形式选择和容量选择两方面内容。选择原则是根据工艺环节、负载的具体要求选择性价比相对较高的类型、品牌、型号、规格容量及外围设备。

1. 变频器类型的选择

变频器有多种类型，主要根据负载的要求进行选择。

1）流体类负载

各种风机、水泵和油泵都属于典型的流体类负载，负载转矩与速度的二次方成反比。选型时通常以价格为主要原则，应选择普通功能型变频器，只要变频器容量等于电动机容量即可。

2）恒转矩负载

挤压机、搅拌机、输送带、厂内运输电车、起重机的平移机构和启动机构等都属于恒转矩负载，其负载转矩与转速无关。为了实现恒转矩调速，常采用具有转矩控制功能的高功能型变频器。

对于不均性负载（其特点是负载有时轻有时重）应按照重负载的情况来选择变频器容量，例如轧钢机、粉碎机、搅拌机等。

对于大惯性负载，如离心机、冲床、水泥厂的旋转窑等，应该选用容量稍大的变频器以加快启动，避免振荡，并应配有制动单元以消除回馈电能。

3）恒功率负载

恒功率负载的特点是需求转矩与转速大体成反比，但其乘积（即功率）却近似保持不变，例如机床的主轴、薄膜生产线中的卷取机、开卷机和造纸机等。

选择时将恒功率范围尽量减小，以减小电动机和变频器的容量，降低成本。当负载的恒转矩和恒功率范围与电动机的恒转矩和恒功率调速的范围一致时（即所谓"匹配"），电动机容量和变频器的容量均最小。

2. 变频器品牌、型号的选择

作为变频调速系统的核心设备，变频器的品质对整个系统的可靠性影响很大。选择变频器品牌时，其质量品质，尤其是与可靠性相关的质量品质，显然是选择时需要重要考虑的方面。

（1）品牌选择依据：产品的平均无故障时间、经验和口碑。

（2）型号选择依据：已经确定的变频调通方案、负载类型以及应用所需要的一些附加功能。

（3）品牌选择与型号选择的关系：确定型号时的选择原则有时也会影响品牌的选择，如果应用所需要的功能或者控制方式在某品牌的各型号变频器上都不具备，则应该考虑更换品牌。

3. 变频器规格的选择

1）按照标称功率选择

通常，标称功率只适合作为初步投资估算依据，在不清楚电动机额定电流时可按照标称功率选择。

对于恒转矩负载，可以放大一级估算，例如，90 kW 电动机可以选择 110 kW 变频器。

在按照过载能力选择时，可以放大一倍估算，例如，90 kW 电动机可选择 185 kW 变频器。

对于流体类负载，一般可以直接将标称功率作为最终选择依据，并且不必放大，例如 75 kW 风机电动机可以选择 75 kW 变频器。

2）按照电动机额定电流选择

对于多数恒转矩负载设计项目，可以按照以下公式选择变频器规格：

$$I_{evf} \geq K_1 I_{ed} \qquad (2-1)$$

式中　I_{evf}——变频器额定电流；

　　　I_{ed}——电动机额定电流；

K_1——电流裕量系数，一般可取 $1.05 \sim 1.15$（在一般情况下可取最小值，这是在电动机持续负载率不超过 80% 时确定的，对于启动、停止频繁的系统应该考虑取最大值）。

3）按照电动机实际运行电流选择

这种方式适用于改造工程，在原来电动机已经处于"大马拉小车"状态的情况下，可以选择功率比较合适的变频器以节省投资。可以按照下式选择变频器规格：

$$I_{evf} \geqslant K_2 I_d \tag{2-2}$$

式中　K_2——电流裕量系数，可取 $1.1 \sim 1.2$，在系统频繁起停时应该取最大值；

I_d——电动机实测运行电流，指的是稳态运行电流，实测时应该针对不同工况进行多次测量，取其中的最大值。

按照式（2-2）计算时，变频器标称功率可能小于电动机额定功率。实际选择时，恒转矩负载的变频器标称功率应不小于电动机额定功率的 65%。如果对启动时间有要求，则通常不应该减小变频器功率。

按照式（2-2）计算时，变频器标称功率可能小于电动机额定功率。实际选择时，恒转矩负载的变频器标称功率应不小于电动机额定功率的 65%。如果对启动时间有要求，则通常不应该减小变频器功率。

【例 2-1】 某风机电动机的额定功率为 160 kW，额定电流为 289 A，实测稳定运行电流在 $112 \sim 148$ A 范围内变化，对启动时间没有特殊要求。请选择合适的变频器。

解： 取 $I_d = 148$ A，$K_2 = 1.1$，代入式（2-2）有

$$I_{evf} \geqslant 1.1 \times 148 = 162.8 \text{（A）}$$

由计算结果可选择某型号 90 kW 变频器，额定电流为 180 A，但 $90/160 = 56.25\% < 65\%$，不符合要求。因此，实际选择 110 kW 变频器，$110/160 = 68.75\%$，符合要求。

4）按照转矩过载能力选择

变频器的电流过载能力通常比电动机的转矩过载能力低，因此，按照常规配备变频器时电动机的转矩过载能力不能充分发挥作用。

对于转矩波动型或者冲击转矩负载，瞬间转矩可能达到额定转矩的 2 倍以上，为了充分发挥电动机的转矩过载能力，应该按照下式选择变频器：

$$I_{evf} \geqslant K_3 \frac{\lambda_d I_{ed}}{\lambda_{vf}} \tag{2-3}$$

式中　λ_d——电动机转矩过载倍数，可以从样本查得；

λ_{vf}——变频器电流短时过载倍数，取值范围为 $1.6 \sim 1.7$；

K_3——电流/转矩系数，取值范围为 $1.1 \sim 1.5$。

【例 2-2】 某轧钢机飞剪电动机的额定功率为 160 kW，额定电流为 296 A，转矩过载倍数为 2.8。请选择合适的变频器规格。

解： 由于飞剪在空刃位置时要求低速运行以提高定尺精度，在进入剪切位置前则要求加速到线速度以与刚才的速度同步，所以需要按照转矩过载能力选择变频器。

已知 $\lambda_d = 2.8$，取 $K_3 = 1.15$，$\lambda_{vf} = 1.7$，代入式（2-3）有

$$I_{evf} \geqslant 1.15 \times \frac{2.8 \times 296}{1.7} \approx 560 \text{（A）}$$

由计算结果可选择某型号 300 kW 变频器，额定电流约为 560 A。

4. 变频器容量的选择

变频器容量可从 3 个方面表示：额定输出电流（A），变频器可以连续输出的最大交流电流有效值；输出容量（kV·A），取决于额定输出电流与额定输出电压的三相视在输出功率；适用电动机功率（kW），以 2、4 极的标准电动机为对象，表示在额定输出电流以内可以驱动的电动机功率。

1）选择规则

采用变频器对异步电动机进行调速时，在异步电动机确定后，通常根据异步电动机的额定电流来选择变频器，或者根据异步电动机实际运行中的电流值（最大值）来选择变频器。

（1）连续运行的场合。

变频器的额定输出电流 ≥（1.05~1.1）倍电动机的额定电流（铭牌值）或电动机实际运行中的最大电流。

（2）短时间加、减速的场合。

变频器的电流允许达到额定输出电流的 130%~150%（视变频器容量而有所区别）。

（3）频繁加、减速的场合。

可根据加速、恒速、减速等各种运行状态下变频器的电流来确定变频器的额定输出电流 I_{INV}。

$$I_{INV} = \left[\ (I_1 t_1 + I_2 t_2 + I_3 t_3 + \cdots + I_n t_n) \ / \ (t_1 + t_2 + t_3 + \cdots + t_n) \ \right] K_0 \qquad (2-4)$$

式中　K_0——安全系数（频繁运行时取 1.2，一般运行时取 1.1）。

（4）电流变化不规则的场合。

可将电动机在输出最大转矩时的电流限制在变频器的额定输出电流内进行选择。

（5）电动机直接启动的场合。

电动机直接启动时可按下式选择变频器：

$$I_{INV} \geqslant I_K / K_g \qquad (2-5)$$

式中　I_K——在额定电压、额定频率下电动机启动时的堵转电流（A）；

　　K_g——变频器的允许过载倍数（取 1.3~1.5）。

（6）一台变频器驱动多台电动机的场合。

上述内容仍适用，但还应考虑以下几点。

在各电动机总功率相等的情况下，可根据各电动机的电流总值来选择变频器。

在整定软启动、软停止时，一定要按启动最慢的那台电动机进行整定。

当有一部分电动机直接启动时，可按下式进行计算：

$$I_{INV} \geqslant \left[N_2 I_K + (N_1 - N_2) \ I_N / K_g \right] \qquad (2-6)$$

式中　K_g——变频器允许过载倍数（取 1.3~1.5）。

注意：多台电动机依次直接启动，最后一台电动机的启动条件最不利。

2）选择注意事项

（1）并联追加投入启动。

变频器容量比与同时启动时要大一些。

（2）大过载容量。

根据负载的种类往往需要过载容量大的变频器。

（3）轻载电动机。

电动机的实际负载比电动机的额定输出功率小时，可选择容量与实际负载相称的变频器。

（4）输出电压。

变频器的输出电压按电动机的额定电压选择。

（5）输出频率。

根据变频器的使用目的所确定的最高输出频率来选择变频器。

5. 变频器外围设备的选择

变频器的运行离不开外围设备，变频器的外围设备在实际应用中并不一定全部选配齐全。

1）断路器的选择

断路器起隔离和保护作用。在一般情况下，低压断路器的额定电流 $I_{QN} \geq$ （1.3~1.4） I_N（变频器的额定电流）。在电动机要求实现工频和变频切换的控制电路中，低压断路器的额定电流 $I_{QN} \geq 2.5 I_{MN}$（电动机的额定电流）。

2）接触器的选择

变频器用断路器一般按以下原则进行。输入侧接触器的选择：主触点的额定电流 $I_{KN} \geq I_N$（变频器的额定电流）；输出侧接触器的选择：主触点的额定电流 $I_{KN} \geq 1.1 I_{MN}$（电动机的额定电流）；工频接触器的选择：触点电流通常可按电动机的额定电流再加大一个挡次来选择。

3）电抗器的选择

输入交流电抗器可抑制变频器输入电流的高次谐波，明显改善功率因数；输出交流电抗器用于抑制变频器的辐射干扰和感应干扰，还可以抑制电动机的振动。其选择要求如下：电抗器自身分布电容小；自身的谐振点要避开抑制频率范围；保证工频压降在2%以下，并降低工耗。

直流电抗器可将功率因数增大至0.9以上，削弱在电源接通瞬间的冲击电流。

4）无线电噪声滤波器的选择

无线电噪声滤波器的功能是削弱较高频率的谐波电流，防止变频器对其他设备的干扰。无线电噪声滤波器主要由滤波电抗器和电容器组成。

无线电噪声滤波器的类型主要有输入侧无线电噪声滤波器和输出侧无线电噪声滤波器。

5）制动电阻及制动单元的选择

制动电阻及制动单元的功能体现在当电动机因频率下降或重物下降（如起重机械）而处于再生制动状态时，避免在直流回路中产生超高的泵生电压。

由于制动电阻的容量不易准确掌握，如果容量偏小，则极易烧坏，所以制动电阻箱内应附加热电器。对于制动单元的选择，在一般情况下，只需根据变频器的容量进行配置即可。

四、直流电动机与交流电动机

与液压驱动和气压驱动相比，电力驱动是比较容易的获得的驱动方式，因此电动机常常被用于为各种各样的运动装置提供动力。电机是依据电磁感应定律实现电能转换或传递的一种电磁装置，分为电动机（符号为 M）和发电机（符号为 G）。电机的类型如图 2-3 所示。

图 2-3　电机的类型

1. 直流电动机

直流电动机由于其良好的调速性能和动力常应用于工业拖动中，例如龙门刨床工作台的拖动、电力机车牵引和辅助压缩机驱动。牵引电机作为电力机车的重要部件之一，它安装在转向架上，通过齿轮与轮对相连，电力机车在牵引状态运行时，牵引电机将电能转换成机械能，通过轮对驱动电力机车运行，此时电机处于电动机状态，当电力机车在电气制动状态下运行时牵引电机将机械能转化为电能，产生电制动力，此时电机处于发电机状态。

直流电动机在日常生活中也经常被使用，如玩具、电动剃须刀等。电动剃须刀是以剪切动作进行剃须的，对于旋转式电动剃须刀，当接通电源开关后，直流电动机高速旋转，带动刀架上的内刀片与网罩的刃口做无间隙的相对运动，将伸入网罩孔的胡须切断，达到剃须的目的。电动剃须刀的直流电动机一般采用永磁式直流电动机，额定电压一般为 1.5 V 或 3 V，转速为 6 000~8 000 r/min。对直流电动机的要求是运转平稳。

1）直流电动机的基本工作原理

将电刷 A、B 接到一个直流电源上，电刷 A 接到电源的正极上，电刷 B 接到电源的负极上，此时在电枢线圈中有电流流过。

如图 2-4（a）所示，设线圈的 ab 边位于 N 极下，线圈的 cd 边位于 S 极下，根据电磁力定律可知导体每边所受电磁力的大小为

$$f = BIl$$

式中　B——导体所在处的磁通密度（Wb/m²）；

　　　l——导体 ab 或 cd 的有效长度（m）；

　　　I——导体中流过的电流（A）；

　　　f——电磁力（N）。

导体受力方向由左手定则确定。在图 2-4（a）所示的情况下，位于 N 级下的导体 ab 的受力方向为从右向左，而位于 S 极下的导体 cd 的受力方向为从左向右。该电磁力和旋转半径之积即电磁转矩，该转矩的方向为逆时针。当电磁转矩大于阻力矩时，线圈按逆时

针方向旋转。

当电枢旋转到图 2-4（b）所示的位置时，原位于 S 极下的导体 cd 转到 N 极下，其受力方向变为从右向左；而原位于 N 极下的导体 ab 转到 S 极下，其受力方向变为从左向右，该转矩的方向仍为逆时针方向，线圈在此转矩的作用下继续按逆时针旋转。这样虽然导体中流通的电流为交变的，但 N 极下导体的受力方向和 S 极下导体的受力方向并未发生变化，直流电动机在此方向不变的转矩作用下转动。

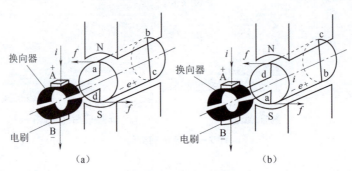

（a）　　　　　　　　　　（b）

图 2-4　直流电动机模型

实际的直流电动机的电枢并非单一线圈，磁极也并非一对。

2）直流电动机的结构组成

直流电机可作为电动机运行，也可作为发电机运行。不管是电动机还是发电机，其结构基本是相同的，即都有旋转部分和静止部分。旋转部分称为转子，静止部分称为定子。

（1）定子部分。

定子主要由主磁极、机座、换向磁极、电刷装置和端盖组成。

①主磁极。主磁极的作用是产生恒定、有一定空间分布形状的气隙磁通密度。主磁极一般由主磁极铁芯和放置在铁芯上的励磁绕组构成。主磁极铁芯分为极身和极靴。极靴的作用是使气隙磁通密度的空间分布均匀并减小气隙磁阻，同时极靴对励磁绕组也起支撑作用。为了减小涡流损耗，主磁极铁芯采用冲成一定形状的 101.5 m 厚的低钢板，用铆钉把冲片铆紧，然后固定在机座上。主磁极上的线圈用来产生主磁通，称为励磁绕组。

当给励磁绕组通入直流电时，各主磁极均产生一定极性，相邻两主磁极的极性为 N、S 交替出现。

②机座。直流电动机的机座有两种形式，一种是整体机座，另一种是叠片机座。整体机座是用导磁效果较好的铸钢材料制成。这种机座能同时起到导磁和机械支撑的作用。由于机座起导磁作用，所以机座是主磁路的一部分，称为定子磁扼。主磁极、换向磁极及端盖均固定在机座上，机座起机械支撑作用。一般直流电动机均采用整体机座。叠片机座是用薄钢板冲片叠压成定子铁钜，再把定子铁钜固定在一个专起支撑作用的机座中，这样定子铁钜和叠片机座是分开的，叠片机座只起支撑作用，可用普通钢板制成。叠片机座主要用于主磁通变化快、调速范围较大的场合。

③换向磁极。换向磁极又称为附加磁极，它的作用是改善直流电动机的换向，一般直流电动机容量超过 1 kW 时均应安装换向磁极。

换向磁极的铁芯结构比主磁极的铁芯结构简单，一般用整块钢板制成，在其上放置换向磁极组。换向磁极安装在相邻的两主磁极之间。

④电刷装置。电刷装置是直流电动机的重要组成部分。该装置把直流电动机电枢中的电路和外部静止电路相连或把外部电源与电枢相连。电刷装置与换向片一起完成机械整流，把电枢中的交流电变成电刷上的直流电或把外部电路中的直流电变换成电枢中的交流电。

⑤端盖。端盖主要起支撑作用。端盖固定于机座上，其上放置轴承支撑直流电动机的转轴，使直流电动机能够旋转。

（2）转子部分。

直流电动机的转子是其转动部分，由电枢铁芯、电枢绕组、换向器、转轴、轴承等部分组成。

①电枢铁芯。电枢铁芯是主磁路的一部分，同时对放置在其上的电枢绕组起支撑作用。为减小直流电动机旋转时电枢铁芯中的磁通方向发生变化引起的磁滞损耗和涡流损耗，电枢铁芯通常用 0.5 mm 厚的低硅硅钢片或冷轧硅钢片冲剪成型。为了减小损耗而在硅钢片的两侧涂绝缘漆，为了放置电枢绕组而在硅钢片中冲出转子槽。冲制好的硅钢片叠装成电枢铁芯。

②电枢绕组。电枢绕组是直流电动机的重要组成部分。电枢绕组由带绝缘体的导体绕制而成。小型直流电动机常采用铜导线绕制，大中型直流电动机常采用成型线圈。在直流电动机中，每个线圈称为一个元件，多个元件有规律地连接起来形成电枢绕组。电枢绕组放置在电枢铁芯的转子槽内，其中直线部分在直流电动机运转时将产生感应电动势，称为元件的有效部分；在转子槽两端把有效部分连接起来的部分称为端接部分。端接部分仅起连接作用，在直流电动机运行过程中不产生感应电动势。

③换向器。换向器又称为整流子，对于直流发电机，换向器的作用是把电枢绕组中的交变电动势转变为直流电动势向外部输出直流电压；对于直流电动机，换向器的作用是把外界供给的直流电流转变为电枢绕组中的交变电流以使直流电动机旋转。换向器是由换向片组合而成的，是直流电动机的关键部件，也是最薄弱的部分。

换向器采用导电性能好、硬度大、耐磨性能好的紫铜或铜合金制成。换向片的底部做成燕尾形状，镶嵌在含有云母绝缘的 V 形钢环内，拼成圆筒形套入钢套，相邻的两换向片间以 0.6~1.2 mm 厚的云母片作为绝缘，最后用螺旋压圈压紧。换向器固定在转轴的一端，换向片靠近电枢绕组一端的部分与电枢绕组引出线焊接在一起。

3）直流电动机的启动与调速

直流电动机的启动是指直流电动机接通电源后，由静止状态加速到稳定运行状态的过程。直流电动机在启动瞬间（$n=0$）的电磁转矩称为启动转矩，启动瞬间的电枢电流称为启动电流，分别用 T_{st} 和 I_{st} 表示。启动转矩为

$$T_{st} = C_T \Phi I_{st}$$

如果他励直流电动机在额定电压下直接启动，则由于在起动瞬间转速 $n=0$，电枢电动势 $E=0$，故启动电流为

$$I_{st} = U_N / R_a$$

因为电枢电阻 R_a 很小，所以启动电流将达到很大的数值，通常可达到额定电流的 10~20 倍。过大的启动电流会引起电网电压下降，影响电网中其他用户的正常用电，使直流电动

机的换向严重恶化，甚至会烧坏直流电动机；同时过大的冲击转矩会损坏电枢绕组和传动机构。因此，除了个别容量很小的直流电动机外，一般直流电动机不允许直接启动。

对直流电动机的启动，一般有如下要求。

（1）要有足够大的启动转矩。

（2）启动电流要限制在一定的范围内。

（3）启动设备要简单、可靠。

为了限制启动电流，他励直流电动机通常采用电枢回路串接电阻启动或降压启动。无论采用哪种启动方法，启动时都应保证直流电动机的磁通达到最大值。这是因为在同样的电流下，Φ 大则 T_{st} 大，而在同样的转矩下，Φ 大则 I_{st} 可以小一些。

（1）电枢回路串接电阻启动。

直流电动机启动前，应使励磁回路调节电阻 $R_{st}=0$，这样励磁电流 I_f 最大，使启动电流 I_{st} 最大。电枢回路串接启动电阻 R_{st}，在额定电压下的启动电流为

$$I_{st}=\frac{U_N}{R_a+R_{st}}$$

式中，R_{st} 应使 I_{st} 不大于允许值。对于普通直流电动机，一般要求 $I_{st}\leqslant（1.5\sim2）I_N$。

在启动电流产生的起动转矩的作用下，直流电动机开始转动并逐渐加速，随着转速的升高，电枢电动势（反电动势）E_a 逐渐增大，使电枢电流逐渐减小，电磁转矩也随之减小，这样转速的上升就逐渐缓慢。为了缩短启动时间，保持直流电动机在启动过程中的加速度不变，就要求在启动过程中，电枢电流维持不变，因此随着直流电动机转速的升高，应将启动电阻平滑地切除，最后使直流电动机转速达到运行值。

实际上，平滑地切除启动电阻是不可能的，一般在电枢回路中串入多级（2～5 级）启动电阻，在启动过程中逐级加以切除。启动电阻的级数越多，启动过程就越快且越平稳，但所需的控制设备也越多，投资也越大。下面对电枢回路串多级启动电阻的启动过程进行定性分析。图 2-5 所示为他励直流电动机采用三级启动电阻启动时的机械特性。

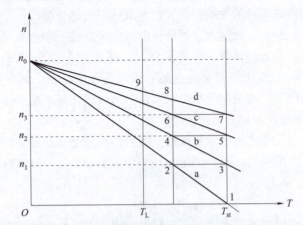

图 2-5　他励直流电动机采用三级启动电阻启动时的机械特性

（1）第一阶段。接入电网时，KM_1、KM_2 和 KM_3 均断开，电枢回路接外加电阻 $R_{ad3}=R_1+R_2+R_3$。此时，直流电动机工作在特性曲线 a 上，在转矩 7 的作用下，转速沿曲线 a 上升。

（2）第二阶段。当速度上升使工作点到达 2 时，KM$_1$ 闭合，即切除电阻 R_3，此时电枢回路外加电阻 $R_{da2} = R_1 + R_2$，直流电动机的机械特性变为曲线。由于机械惯性的作用，直流电动机的转速不能突变，工作点由 2 切换到 3，速度又沿着曲线 b 继续上升。

（3）第三阶段。当速度上升使工作点到达 4 时，KM$_1$、KM$_2$ 同时闭合，即切除电阻 R_1、R_3，此时电枢回路串接外加电阻 $R_{ad1} = R_1$，直流电动机的机械特性变为曲线 c。由于机械惯性的作用，直流电动机的转速不能突变，工作点由 4 切换到 5，速度又沿着曲线 c 继续上升。

（4）第四阶段。当速度上升使工作点到达 6 时，KM$_1$、KM$_2$、KM$_3$ 同时闭合，即切除电阻 R_1、R_2 和 R_3，此时电枢回路无外加电阻，直流电动机的机械特性变为固有特性曲线 d，由于机械惯性的作用，直流电动机的转速不能突变，工作点由 6 切换到 7，速度又沿着曲线 d 继续上升，直到稳定工作点 9。

这种启动方法应用于中小型直流电动机，其缺点是在启动过程中启动电阻上有能量消耗而且变阻器较笨重。在小容量直流电动机或实验室中，常用人工手动办法启动，常用的 3 点启动器起动就是其中的一种方法。

（2）降压启动。

当电源电压可调时，直流电动机可以采用降压方法起动。启动时，以较低的电源电压启动直流电动机，启动电流便随电压的降低而成正比减小。随着直流电动机的转速上升，反电动势逐渐升高。然后，逐渐提高电源电压，使启动电流和启动转矩保持一定的数值，从而保证直流电动机按需要的加速度升速。

可调压的直流电源在过去多采用直流发电机—电动机组，即每台直流电动机专门由一台直流发电机供电。当调节直流发电机的励磁电流时，便可改变直流发电机的输出电压，从而改变加在直流电动机电枢两端的电压。近年来，随着晶闸管技术的发展，直流发电机正在被晶闸管整流电源取代。降压启动虽然需要专用电源，设备投资较大，但它启动平稳，启动过程中能量损耗少，因此得到了广泛应用。

为了提高生产效率或满足生产工艺的要求，许多生产机械在工作过程中都需要调速。例如，车床切削工件时，精加工用高转速，粗加工用低转速；轧钢机轧制不同品种和不同厚度的钢材时，也必须有不同的工作速度。

电力拖动系统的调速可以采用机械调速、电气调速或二者配合调速。通过改变传动机构传动比进行调速的方法称为机械调速。通过改变直流电动机参数进行调速的方法称为电气调速。本小节只介绍他励直流电动机的电气调速。

改变直流电动机参数就是人为地改变直流电动机的机械特性，从而使负载工作点发生变化，使转速随之变化。可见，在调速前后，直流电动机必然运行在不同的机械特性上。如果机械特性不变，负载变化引起直流电动机转速的改变，则不能称为调速。

由他励直流电动机的转速公式

$$n = \frac{U - I_a (R_a + R_s)}{C_e \Phi}$$

可知，当电枢电流不变时（即在一定的负载下），只要改变电枢电压 U、电枢回路串联电阻 R_s 及励磁磁通 Φ 三者之中的任意一个量，就可改变转速 n。因此，他励直流电动机有 3 种调速方法：电枢回路串接电阻调速、降压调速和弱磁调速。

（1）电枢回路串接电阻调速。

直流电动机电枢回路串接电阻后，可以得到图2-6所示的直流电动机机械特性。

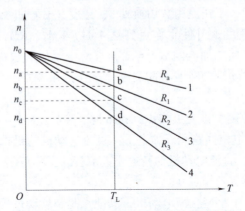

图2-6　电枢回路串接电阻调速的机械特性

从图2-6可以看出，在一定的负载转矩 T_L 下，串接不同的电阻可以得到不同的转速。例如，在串接电阻分别为 R_a、R_1、R_2、R_3 的情况下，可以分别得到稳定工作点 a、b、c 和 d，对应的转速为 n_a、n_b、n_c、n_d。

电枢回路串接电阻调速存在如下问题。

①由于串接电阻只能分段调节，所以调速的平滑性差。

②低速时，串接电阻上有较大电流，损耗大，直流电动机效率低。

③轻载时调速范围小，且只能从额定转速向下调，调速范围一般小于或等于2。

④串接电阻越大，机械特性曲线越弯曲，稳定性越差。

采用电枢回路串接电阻调速时，速度越低，要求串接电阻越大，而且由于直流电动机的电流由负载决定，所以串接电阻上的能量损耗较大，运行经济性能不佳。同时，由于串接电阻只能分段调节，所以调速的平滑性低，低速时机械特性曲线斜率大，静差率大，转速的相对稳定性低。电枢回路串接电阻调速的优点是设备简单，操作方便，其缺点是轻载时调速范围小，额定负载时调速范围一般为小于或等于2，不太经济。

（2）降压调速。

从图2-7所示的降压调速的机械特性可看出，在一定的负载转矩 T_L 下，电枢外加不同电压可以得到不同的转速。例如，在电压分别为 U_N、U_1、U_2、U_3 的情况下，可以分别得到稳定工作点 a、b、c 和 d，对应的转速为 n_a、n_b、n_c、n_d，即改变电电压可以达到调速的目的。

由图2-7可以看出降压调速的优点如下。

①电源电压能够平滑调节，可以实现无级调速。

②调速前后机械特性曲线的斜率不变，硬度较大，负载变化时，速度稳定性高。

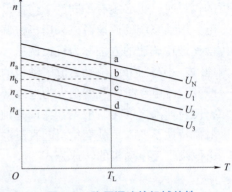

图2-7　降压调速的机械特性

③无论是轻载还是重载，调速范围都相同，一般可达 $D = 2.5 \sim 12 \left(D = \dfrac{n_{\max}}{n_{\min}} \right)$。

④电损耗较低。

降压调速的缺点是需要一套电压可连续调节的直流电源，系统设备多，投资大。

（3）弱磁调速。

从图 2-8 所示的弱碱调速的机械特性可以看出，在一定的负载功率 P_L 下，由不同的主磁通可以得到不同的转速 n_a、n_b、n_c，即改变主磁通可以达到调速的目的。

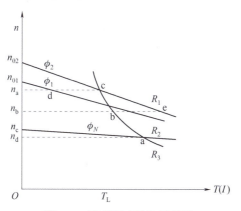

图 2-8　弱磁调速的机械特性

弱磁调速的优点如下。由于在电流较小的励磁回路中调节，所以控制方便，能量损耗低，设备简单，而且调速平滑性高。虽然弱磁升速后电枢电流增大，直流电动机的输入功率增大，但由于转速升高，输出功率也增大，直流电动机的效率基本不变，因此弱磁调速的经济性是比较高的。

弱磁调速的缺点如下。机械特性曲线的斜率变大，机械特性曲线变弯曲，转速的升高受到直流电动机换向能力和机械强度的限制，因此调速范围不可能很大，一般 $D \leqslant 2$。

为了扩大调速范围，常常把降压调速和弱磁调速两种方法结合。在额定转速以下采用降压调速，在额定转速以上采用弱磁调速。

正确使用直流电动机，应当使直流电动机既满足负载的要求，又得到充分的利用，即保证直流电动机总是在额定电流下工作。不调速的直流电动机通常都工作在额定状态，电枢电流为额定值，因此恒转速运行的直流电动机一般都能得到充分利用。但是，当直流电动机调速时，在不同的转速下，电枢电流能否总是保持额定值，即直流电动机能否在不同的转速下都得到充分利用需要进一步研究。事实上，这个问题与调速方式和负载类型的配合有关。

根据分析得出的结果显示，调速方法与负载类型的适当配合如下：电枢回路串接电阻调速和降压调速属于恒转矩调速方法，适用于恒转矩负载；弱磁调速属于恒功率调速方法，适用于恒功率负载。

对于风机型负载，3 种调节方法都不十分合适，但采用电枢回路串接电阻调速和降压调速要比弱磁调速合适一些。

2. 交流电动机

在交流电动机中，三相异步电动机应用最广泛、需求量最大。工业生产、农业机械化、交通运输、国防工业等电力拖动装置中，有90%采用三相异步电动机。三相异步电动机容量从几十瓦到几千千瓦，其结构简单、体积小、质量小、效率较高，不仅在工业生产中应用非常广泛，在农业方面有广泛应用，例如水泵、脱粒机、粉碎机及其他农副产品加工机械等都是用三相异步电动机来拖动的。据统计，在整个电能消耗中，电动机的耗能占总电能的65%左右，而在整个电动机的耗能中，三相异步电动机的耗能又居首位。随着变频器技术的发展，三相异步电动机的平滑调速性能日益凸显，三相异步电动机将在更多的领域代替直流电动机。

1）三相异步电动机的基本工作原理

三相异步电动机的定子绕组是一个空间位置对称的三相绕组，如果在定子绕组中通入三相对称的交流电流，就会在三相异步电动机内部建立起一个恒速旋转的磁场，称为旋转磁场，它是三相异步电动机工作的基本条件。

如果在定子绕组中通入三相对称电流，则定子绕组内部产生某个方向转速为 n 的旋转磁场。这时转子导体与旋转磁场之间存在相对运动，切割磁力线而产生感应电动势。感应电动势的方向可根据右手定则确定。由于转子绕组是闭合的，所以在感应电动势的作用下，转子绕组内有电流流过，转子电流与旋转磁场相互作用，便在转子绕组中产生电磁力 F，F 的方向可由左手定则确定。该电磁力对转轴形成了电磁转矩 T_{em}，使转子按旋转磁场方向转动。三相异步电动机的定子和转子之间能量的传递是靠电磁感应作用的，故三相异步电动机又称为感应电动机。

转子的转速 n 是否会与旋转磁场的转速 n_1 相同？回答是不可能的。因为一旦转子的转速和旋转磁场的转速相同，二者便无相对运动，转子也不能产生感应电动势和感应电流，也就没有电磁转矩。只有二者转速有差异，才能产生电磁转矩，驱使转子转动。可见转子转速总是略小于旋转磁场的转速。正是由于这个关系，这种电动机被称为异步电动机。

由以上分析可知，n 与 n_1 有差异是三相异步电动机运行的必要条件。通常把 n 与 n_1 二者之差称为"转差"，"转差"与转子的转速的比值称为转差率（也叫作滑差率），用 s 表示，即 $s=(n_1-n)/n_1$。转差率是三相异步电动机运行时的一个重要物理量，当 n_1 一定时，转差率的数值与 n 对应，正常运行的三相异步电动机，其 s 很小，一般 $s=0.01\sim0.05$，即 n 接近 n_1，因此在已知三相异步电动机额定转速的情况下即可判断其极对数。

2）三相异步电动机的结构组成

三相异步电动机的种类繁多，按其外壳防护方式的不同可分为开启式、防护式和封闭式3类。由于封闭式结构能防止异物进入三相异步电动机内部，并能防止人与物触及三相异步电动机带电部位与运动部位，运行中安全性能好，所以成为目前使用最广泛的结构形式。

三相异步电动机由定子、转子两部分组成，定子和转子之间有气隙。三相异步电动机按转子结构的不同分为笼形（图2-9）和绕线转子（图2-10）两大类。笼形三相异步电动机结构简单、价格低廉、工作可靠、维护方便，已成为生产上应用最广泛的一种三相异步电动机。绕线转子三相异步电动机由于结构较复杂、价格较高，一般只用在要求调速和启动性能好的场合，如桥式起重机。笼形和绕线转子三相异步电动机的定子结构基本相同，所不同的只是转子部分。

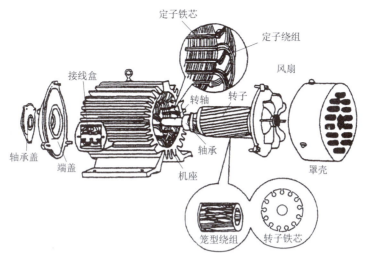

图2-9　笼形三相异步电动机的结构组成

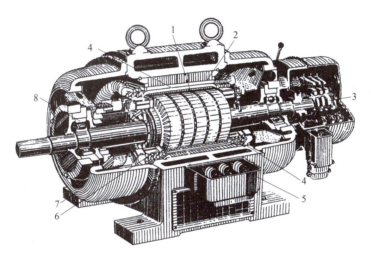

图2-10　绕线转子三相异步电动机的结构组成

1—转子；2—定子；3—集电环；4—定子绕组；

5—出线盒；6—转子绕组；7—端盖；8—轴承

（1）定子。

三相异步电动机的定子由定子铁芯、定子绕组、机座、端盖、罩壳等部件组成。机座一般由铸铁制成。

①定子铁芯。定子铁芯作为磁通的通路，定子铁芯材料既要有良好的导磁性能（剩磁小），又要尽量降低涡流损耗，一般用0.5 mm厚、表面有绝缘层的硅钢片叠压而成。定子铁芯内有均匀分布的定子槽，用于嵌入定子绕组。

②定子绕组。定子绕组是用绝缘铜线或铝线绕制的三相对称的绕组，按一定的规则连接嵌放在定子槽中。小型三相异步电动机的定子绕组一般采用高强度漆包圆铜线绕制，大中型三相异步电动机的定子绕组则采用漆包扁铜线或玻璃丝包扁铜线绕制。定子绕组之间及定子绕组与定子铁芯之间均垫有绝缘材料。常用的薄膜类绝缘材料有聚酯薄膜青壳纸、

聚酯薄膜、聚酯薄膜玻璃漆布箔及聚四氟乙烯薄膜。

定子绕组的结构完全对称，一般有6个出线端。按国家标准，定子绕组始端标以 U1、V1、W1，末端标以 U2、V2、W2，6 个端子均引出至机座外部的接线盒，并根据需要接成星形（Y）或三角形（△）连接，如图 2-11 所示。

③机座。机座的作用是固定定子绕组和定子铁芯，并通过两侧的端盖和轴承支撑转子，同时构成电磁通路并发散三相异步电动机运行中产生的热量。

机座通常为铸铁件，大型三相异步电动机的机座一般用钢板焊成，而某些微型三相异步电动机的机座则采用铸铝件以减小三相异步电动机的质量。封闭式三相异步电动机的机座外面有散热筋

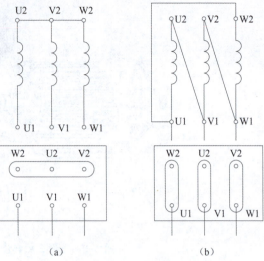

图 2-11　定子绕组的两种连接方式

（a）星形连接；（b）三角形连接

以增加散热面积，防护式三相异步电动机的机座两端端盖开有通风孔，使三相异步电动机内外的空气可以直接对流，以利于散热。

④端盖。端盖对三相异步电动机内部起保护作用，并借助滚动轴承将转子和机座连成一个整体。端盖一般为铸钢件，微型三相异步电动机的端盖则为铸铝件。

（2）转子。

转子由转子铁芯和转子绕组组成。转子铁芯也是由相互绝缘的硅钢片叠压而成的，转子铁芯外圆冲有转子槽，转子槽内安装转子绕组。

①转子铁芯。转子铁芯作为磁路的一部分，并放置转子绕组。转子铁芯一般用 0.5 mm 厚的硅钢片叠压而成，硅钢片外圆冲有均匀分布的孔，用来安置转子绕组。一般小型三相异步电动机的转子铁芯直接压装在转轴上，而大中型三相异步电动机的转子铁芯则借助转子支架压在转轴上。为了改善三相异步电动机的启动和运行性能，减少谐波，笼形三相异步电动机的转子铁芯一般采用斜槽结构。

②转子绕组。转子绕组用来切割定子旋转磁场，产生感应电动势和感应电流，并在旋转磁场的作用下受力而使转子旋转。转子绕组分为笼形转子绕组和绕线转子绕组两类。

a. 笼形转子绕组。根据导体材料的不同，笼形转子分为铜条转子绕组和铝条转子绕组。铜条转子绕组即在转子槽内放置没有绝缘的铜条，铜条的两端用短路环焊接起来，形成笼形，如图 2-12（a）所示。铝条转子绕组采用离心铸铝法，将熔化的铝浇铸在转子槽内成为一个完整体，两端的短路环和风叶也一并铸成，如图 2-12（b）所示。为了避免出现气孔或裂缝，目前不少工厂已改用压力铸铝工艺代替离心铸铝法。为了增大启动转矩，在容量较大的三相异步电动机中，有的笼形转子绕组采用双笼形或深槽结构，双笼形转子绕组有内外两个笼，外笼采用电阻率较大的黄铜条制成，内笼则用电阻率较小的紫铜条制成。深槽转子绕组则用狭长的导体制成。

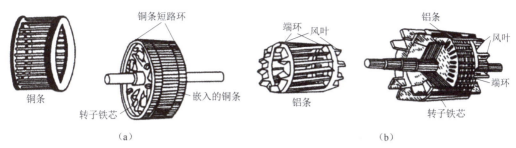

图 2-12　笼形转子绕组

（a）铜条转子绕组；（b）铝条转子绕组

b. 绕线转子绕组。绕线转子绕组和定子绕组一样，也是用绝缘导线绕成的三相对称绕组，被嵌放在转子槽中，接成星形。绕线转子绕组的 3 个出线端分别接到转轴端部的 3 个彼此绝缘的铜制滑环上，通过滑环与支持在端盖上的电刷构成滑动接触。绕线转子绕组的 3 个出线端引到机座上的接线盒内，以便与外部变阻器连接，故绕线转子绕组又称为滑环式转子绕组，其外形如图 2-13 所示。调节变阻器的电阻值可达到调节转速的目的，而笼形三相异步电动机的转子绕组由于本身通过端环直接短接，故无法调节转速。因此，在某些对启动性能及调速性能有特殊要求的设备（如起重设备、卷扬机、鼓风机、压缩机以及泵类设备）中较多地采用绕线转子三相异步电动机。

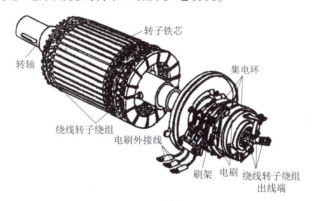

图 2-13　绕线转子绕组

（3）气隙。

三相异步电动机的气隙比同容量直流电动机的气隙小得多，在中、小型三相异步电动机中，一般为 0.2~2.5 mm。气隙大小对三相异步电动机性能的影响很大，气隙越大，建立磁场所需的励磁电流就越大，从而减小三相异步电动机的功率因数。气隙越小，定子和转子之间的相互感应（即耦合）就越好。因此，应尽量让气隙小些，但气隙太小会使加工和装配困难，三相异步电动机运行时定子、转子之间易发生扫膛。

3）三相异步电动机的启动与调速

在三相异步电动机带动机械的启动过程中，不同的生产机械有不同的启动情况。有些机械在启动时负载转矩很小，负载转矩随着转速的升高而与转速的平方近似成正比增加。例如鼓风机，启动时只需克服很小的静摩擦转矩，当转速升高时，风量很快增大，负载转矩很快增大。有些机械在启动时的负载转矩与正常运行时一样大，例如电梯、起重机和皮带运输机等，而有些机械在启动过程中接近空载，待转速上升至接近稳定时，再增加负载，例如机床、破碎机等。以上这些因素都将对三相异步电动机的启动性能指标之一的启动转矩提出不同的要求。

与直流电动机一样，衡量三相异步电动机启动性能好坏的最主要的指标是启动电流和启动转矩，人们总是希望在启动电流较小的情况下获得较大的启动转矩。但是，一台普通的三相异步电动机不采取措施而直接投入电网启动，即全压启动时，其启动电流很大，而启动转矩却不很大，这对电网或三相异步电动机本身均是不利的。

启动电流大的原因是，在三相异步电动机接入电网的启动瞬间，由于 $n=0$，转子处于静止状态，则旋转磁场以 n 切割转子导体，故转子电动势和转子电流达到最大值，定子电流，即启动电流也达到最大值。这样大的启动电流会使电源和供电线路上的压降升高，引起电网电压波动，影响并联在同一电网上的其他负载正常工作，例如，附近照明灯亮度会突然减弱，正在工作的电动机转速下降，甚至带不动负载而停车等。特别对较小容量的供电变压器或电网系统影响更甚。对三相异步电动机本身来说，虽然启动电流大，但持续的时间不长，不致起到破坏作用（启动频繁和惯性较大、启动时间较长的三相异步电动机除外）。不过，过大的电磁力对三相异步电动机的影响也不能低估。

启动转矩不大的原因如下：①由于启动电流很大，所以定子绕组中的阻抗压降升高，而电源电压不变，根据定子电路的电动势平衡方程式，感应电动势将降低，则主磁通将与感应电动势成比例地减小；②启动时 $s=1$，转子漏抗比转子电阻大得多，转子功率因数很小，虽然启动电流大，但转子电流的有功分量并不大。

根据以上分析可知三相异步电动机启动时的启动电流大，主要是对电网不利；启动转矩并不很大，主要是对负载不利，这是因为若电源电压因种种原因下降较多，则启动转矩按电压的平方下降，可能使三相异步电动机带不动负载。不同类型的负载、不同容量的电网，对三相异步电动机启动性能的要求是不同的。有时要求有较大的启动转矩，有时要求限制启动电流，但在更多的情况下要求同时满足这两点。总之，在一般情况下要求尽可能限制启动电流，有足够大的启动转矩，同时启动设备尽可能简单经济、操作方便，且启动时间要短。

（1）笼形三相异步电动机的启动。

①全压启动。

全压启动就是用刀开关或接触器将笼形三相异步电动机的定子绕组直接接到额定电压的电网上。虽然前面已分析了全压启动存在启动电流大、启动转矩并不大的缺点，但是这种启动方法最简单，操作很方便。因此，对于一般小容量的笼形三相异步电动机，如果电网容量足够大，应尽量用此方法。可参考下例经验公式来确定笼形三相异步电动机能否全压起动：

$$\frac{3}{4}+\frac{电源总容量}{4\times 笼形三相异步电动机容量} \geq \frac{I_{st}}{I_N}$$

上式的左边为电源允许的启动电流倍数，右边为笼形三相异步电动机的启动电流倍数，因此只有电源允许的启动电流倍数大于笼形三相异步电动机的启动电流倍数时才能全压启动。

②减压启动。

减压启动时并不能降低电源电压，只是采用某种方法使加在笼形三相异步电动机定子绕组上的电压降低。减压启动的目的是减小启动电流，但同时也减小启动转矩（$T \propto U_1^2$）。因此，这种启动方法是对电网有利的，但对负载不利。若某些机械要求带满负载启动，就不能用这种方法启动，但对于启动转矩要求不高的设备，这种方法是适用的。

减压启动常用以下几种方法：定子串接电阻或电抗减压启动、自耦变压器减压启动、Ｙ／△减压启动。

此外，笼形三相异步电动机还经常使用软启动器进行启动。

（2）绕线转子三相异步电动机的启动。

对于需要大、中容量电动机带动重载起动的机械或者需要频繁启动的电力拖动系统，不仅要限制起动电流，而且要有足够大的启动转矩。这就需要用绕线转子三相异步电动机串接电阻或频敏变阻器来改善启动性能。

绕线转子三相异步电动机的启动方法主要有转子串接电阻启动和转子串接频敏变阻器启动两种。

任务实施

任务实施单如表2-1所示。

表2-1 任务实施单

任务名称：直流电动机三段速正反转变频控制		
班级：	学号：	姓名：
任务实施内容	任务实施心得	
具体任务要求： ①进行变频器等硬件及辅助元器件、材料选型； ②绘制直流电动机三段速正反转变频控制接线原理图； ③按照接线原理图完成变频器、直流电动机、开关等硬件的连接； ④按照三段速控制要求，设置变频器控制面板各参数； ⑤调试硬件系统，实现直流电动机三段速正反转变频控制		

一、任务实施分析

本任务实施的目标是使用变频器实现对直流电动机高、中、低3个转速段（相对于额定转速）的选择控制（含正反转的控制），任务实施内容具体如下。

（1）根据任务要求选择硬件，建议选择常见的通用型变频器品牌（如三菱、西门子、台达等），直流电动机选择小功率即可，开关等其他辅助元器件和材料可以灵活选用。

（2）根据任务要求绘制直流电动机三段速正反转变频控制接线原理图。

（3）根据直流电动机三段速正反转变频控制接线原理图完成所选硬件的连接。

（4）在变频器控制面板上设置直流电动机三段速正反转变频控制所需的各参数。

（5）进行直流电动机三段速正反转变频控制调试和演示。

目前市场上的通用变频器的功能十分强大，段速控制仅是变频器的一种常用功能之一。学生可以尝试以本任务为基础，自行进行任务拓展，进行变频器其他功能的使用操作练习，如变频器的模拟量控制、与 PLC 的通信控制等。

二、任务评价

（1）能根据任务要求合理选择变频器等硬件。

（2）能正确绘制直流电动机三段速正反转变频控制接线原理图。

（3）能正确进行硬件连接。

（4）能正确使用变频器面板进行参数设置。

（5）能完成直流电动机三段速正反转变频控制。

（6）能在整个任务实施过程中遵守 6S 管理要求。

任务评价成绩构成如表 2-2 所示。

表 2-2　任务评价成绩构成

成绩类别	考核项目	赋分	得分
专业技术	变频器选型	35	
	直流电动机三段速正反转变频控制接线原理图绘制	35	
	直流电动机三段速正反转变频控制调试运行	20	
职业素养	操作现场 6S 管理	10	

班级：_____　学号：_____　姓名：_____　成绩：_____

三、提交材料

提交表 2-1、表 2-2。

任务2　伺服控制技术应用

任务解析

作为控制电动机的一种，步进电动机可以通过控制脉冲数量达到精准控制其转动角度的目的，再通过数学换算就可以实现对运行速度或者距离的控制，因此步进电动机常被用作开环伺服控制的主要驱动方式。但是，在一些应用场合中，需要对步进电动机的工作状态根据需要进行切换，如丝杠滑台在特定位置需要进行步进电动机的启/停，此时仅靠步进电动机的特性进行开环伺服控制就不够用了，必须通过外部辅助检测，实现步进电动机的闭环伺服控制，以达到精准的位置控制。

本任务对机电伺服系统进行了详细的讲解，从机电伺服系统的发展、分类、组成及特点等主要方面进行了系统的论述，并通过一个开环系统改造的任务，加深学生对伺服控制技术应用的认识。

知识链接

庄严肃穆的升国旗仪式背后隐藏着一串精准的数据：当擎旗手以优美的动作，在国歌奏响第一个音符时，将国旗展开抛出，到国歌的最后一个音符终止，时间是 2 min 07 s，国旗也准时到达 30 m 高的旗杆顶端；国旗护卫队从金水桥行至国旗杆基的围栏，所走的正步是 138 步，丝毫不差；随着一声"敬礼"口令，升旗手按电钮，护卫队行持枪礼，军乐队奏国歌都遵循同一个节拍；国旗升到旗杆顶端，"礼毕"口令被喊出，36 名托半自动步枪的卫士把枪放下，都出现在同一时刻。整个升国旗过程是用精准的数据来保证的，国旗班的战士们用刻苦的训练，确保了能精准无误地控制人和国旗的每一个运动过程，从而确保升国旗任务被精准完成。现代机电伺服系统在大多数应用场合中也需要对其运动参数进行精准的控制，伺服控制技术以其独有的优势很好地满足了这个需求。

一、认识机电伺服系统

机电伺服系统又称为随动系统，是控制被控对象的某种状态，使其能够自动地、连续地、精确地复现输入信号的变化规律的反馈控制系统。机电伺服系统的主要任务是按照控制命令的要求，对信号进行变换、调控和功率放大等处理，使驱动装置输出的转矩、速度及位置都能得到精准方便的控制。

随着现代科学技术的飞速发展，机电伺服控制已经发展成为一门多学科的综合技术门类，微电子技术与计算机技术渗透到机电伺服系统的各环节，成为伺服控制技术的核心。根据预定控制方案实现各类运动，并使之达到规定的技术性能指标，将计算机的决策、指令变为所期望的机械运动，是现代机电伺服系统的主要任务。

机电伺服系统可以按照驱动方式、功能特征和控制方式等进行分类。

1. 按照驱动方式分类

机电伺服系统按照驱动方式可分为电气伺服系统、液压伺服系统和气动伺服系统，它们有各自的特点和应用范围。由伺服电动机驱动机械系统的机电伺服系统广泛用于各种机电一体化设备。其中，电气伺服系统根据电气信号可分为直流伺服系统和交流伺服系统两大类。

1）直流伺服系统

直流伺服系统常用的伺服电动机有小惯量直流伺服电动机和永磁直流伺服电动机（也称为大惯量宽调速直流伺服电动机）。小惯量直流伺服电动机最大限度地减小了电枢的转动惯量，在早期的数控机床上应用较多，现在也有应用。小惯量直流伺服电动机一般都设计成具有较高的额定转速和较小的惯量，因此应用时要经过中间机械传动（如减速器）才能与丝杠连接。目前，许多数控机床上仍使用由小惯量直流伺服电动机驱动的直流伺服系统。永磁直流伺服电动机的缺点是有电刷，限制了转速的提高，而且结构复杂、价格较高。

直流伺服系统适用的功率范围很宽（从几十瓦到几十千瓦）。通常，从提高系统效率的角度考虑，直流伺服系统多应用于功率在 100 W 以上的控制对象。直流伺服电动机的输出转矩同加于电枢的电流和由激磁电流产生的磁通有关。磁通固定时，电枢电流越大则直流伺服电动机转矩越大。电枢电流固定时，增大磁通量能使转矩增大。因此，通过改变激磁电流或电枢电流，可对直流伺服电动机的转矩进行控制。对电枢电流进行控制的方式称为电枢控制，这时控制电压加在电枢上。若对激磁电流进行控制，则将控制电压加在激磁绕组上，这种方式称为激磁控制。进行电枢控制时，反映直流伺服电动机的转矩 T 与转速 N 之间关系的机械特性基本呈线性特性。

如图 2-14 所示，V_{c1}、V_{c2} 是加在电枢上的控制电压，斜率$-D$ 为阻尼系数。电枢电感一般较小，因此电枢控制可以获得很好的响应特性。其缺点是负载功率由电枢的控制电源提供，因此需要较大的控制功率，增加了功率放大部件的复杂性。例如，对要求控制功率较大的系统，必须采用发电机—电动机组、电机放大机和晶闸管等大功率放大部件。

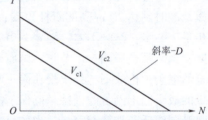

图 2-14　直流伺服电动机的机械特性

进行激磁控制时要求电枢上加恒流电源，使直流伺服电动机的转矩只受激磁电流控制。恒流特性可通过在电枢回路中串接一个大电阻（10 倍于电枢电阻）来得到。对于大功率控制对象，串联电阻的功耗会变得很大，很不经济。因此，激磁控制只限于在低功率场合使用。电枢电源采用恒流源后，机械特性曲线的斜率等于零，引起直流伺服电动机的机电时间常数增大，加之励磁绕组中的电感量较大，这些都使激磁控制的动态特性较差、响应较慢。

2）交流伺服系统

交流伺服系统使用交流异步伺服电动机（一般用于主轴伺服电动机）和永磁同步伺服电动机（一般用于进给伺服电动机）。由于直流伺服电动机存在一些固有缺点，所以其应用环境受到限制。交流伺服电动机没有这些缺点，且转子惯量较直流伺服电动机小，这使其动态响应好。此外，在同样的体积下，交流伺服电动机的输出功率要比直流伺服电动机增大 10%~70%，同时交流伺服电动机的容量可以比直流伺服电动机造得更大，达到更高的电压和转速。因此，交流伺服系统得到了迅速发展，自 20 世纪 80 年代后期开始，交流伺服系统被大量使用，已经成为机电伺服系统的主流。

2. 按照功能特征分类

机电伺服系统按照功能特征，可分为位置控制、速度控制和转矩控制等类型。

1）位置控制

位置控制是指转角位置或直线移动位置的控制。位置控制按数控原理分为点位控制（PTP）和连续轨迹控制（CP）。

点位控制是点到点的定位控制，它既不控制点与点之间的运动轨迹，也不在此过程中进行加工或测量，例如数控钻床、冲床、测量机和点焊工业机器人等。连续轨迹控制又分为直线控制和轮廓控制。直线控制是指工作台相对工具以一定速度沿某个方向进行直线运动（单轴或双轴联动），在此过程中要进行加工或测量，例如数控镗铣床、大多数加工中心和弧焊工业机器人等。轮廓控制是控制两个或两个以上坐标轴移动的瞬时位置与速度，通过联动形成一个平面或空间的轮廓曲线或曲面，例如数控铣床、车床、凸轮磨床、激光切割机和三坐标测量设备等。

2）速度控制

速度控制就是保证伺服电动机的转速与速度指令要求一致，通常采用比例—积分（PI）控制方式。对于动态响应、速度恢复能力要求特别高的系统，可采用变结构（滑模）控制方式或自适应控制方式。速度控制既可单独使用，也可与位置控制联合使用，构成双回路控制，但主回路是位置控制，速度控制作为反馈校正，改善系统的动态性能，例如各种数控机械的双回路伺服系统。

3）转矩控制

转矩控制是通过外部模拟量的输入或直接地址的赋值来设定电动机转轴对外输出转矩的大小。可以通过即时改变模拟量的设定来改变设定的转矩大小，也可通过通信方式改变对应地址的数值来实现。转矩控制主要应用在对材质的受力有严格要求的缠绕和放卷的装置中，例如绕线装置或拉光纤设备，转矩的设定要根据缠绕半径的变化随时更改，以确保材质的受力不会随着缠绕半径的变化而改变。

3. 按照控制方式分类

机电伺服系统根据控制方式可分为开环伺服系统、半闭环伺服系统和闭环伺服系统。

1）开环伺服系统

开环伺服系统没有速度及位置测量元件，伺服驱动元件为步进电动机或电液脉冲马达。开环伺服系统发出的指令脉冲，经驱动电路放大后送给步进电动机或电液脉冲马达，使其转动相应的步距角度，再经传动机构，最终转换成被控对象的移动。由此可以看出，控制对象的移动量与开环伺服系统发出的脉冲数量成正比。

由于这种控制方式对传动机构或被控对象的运动情况不进行检测与反馈，输出量与输入量之间只有前向作用，没有反向联系，故称为开环控制。

图 2-15 所示为开环伺服系统原理框图，常用的执行元件是步进电动机，如果功率很大，则常用电液脉冲马达作为执行元件。

显然开环伺服系统的定位精度完全依赖伺服电动机的精度（通常为步进电动机或电液脉冲马达的步距精度）及传动机构的精度。与闭环伺服系统相比，由于开环伺服系统没有位移检测和校正误差的措施，所以其运行定位精度无法满足很多使用场合的要求，例如精密数控机床等。此外，开环伺服系统中的步进电动机、电液脉冲马达等部件还存在温升高、噪声大、效率低、加减速性能差、在低频段有共振区、容易失步等缺点。尽管如此，因为开环伺服系统具有结构简单、运维方便、造价较低等优势，所以它在实践中仍然有很多成功的应用案例。

图 2-15 开环伺服系统原理框图

2）半闭环伺服系统

半闭环伺服系统不对控制对象的实际位置进行检测，而是通过安装在伺服电动机转轴端的速度、角位移测量元件来测量伺服电动机的转动，从而间接地测量被控对象的位移。测量元件测出的位移量反馈回来，与输入指令比较，利用差值校正伺服电动机的转动位置。因此，半闭环伺服系统的实际控制量是伺服电动机的转角（角位），由于传动机构不在控制回路中，故这部分的精度完全由传动机构的传动精度来保证。图 2-16 所示为半闭环伺服系统原理框图。例如，在数控机床中，角位移测量元件一般安装在进给丝杠或伺服电动机转轴端，用测量丝杠或伺服电动机转轴旋转角位移来代替测量工作台直线位移。由于这种系统没有将丝杆螺母传动副、齿轮传动副等传动装置包含在闭环反馈系统中，所以称为半闭环伺服系统。

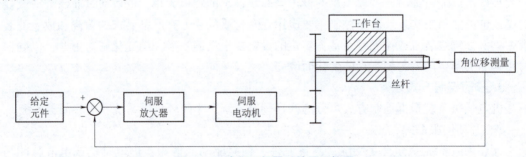

图 2-16 半闭环伺服系统原理框图

半闭环伺服系统不能补偿位于系统外的传动装置产生的传动误差，但可以获得较稳定的控制特性，其定位精度介于闭环伺服系统和开环伺服系统之间。由于惯性较大的控制对象在控制回路之外，故半闭环伺服系统稳定性较好、调试较容易，角位移测量元件比线位移测量元件更简单，价格也更低廉。正是由于这些优势的存在，尽管半闭环伺服系统的精度会影响最终控制精度，半闭环伺服系统仍然有很多经典应用案例。

3）闭环伺服系统

闭环伺服系统带有检测装置，可以直接对工作台的位移量进行检测。在闭环伺服系统中，速度、位移测量元件不断地检测被控对象的运动状态。图 2-17 所示为闭环伺服系统原理框图。当闭环伺服系统发出指令后，伺服电动机转动，速度信号通过速度测量元件反馈到速度控制电路，被控对象的实际位移量通过位置测量元件反馈给位置比较电路，并与控制系统指令的位移量比较，把两者的差值放大，命令伺服电动机带动被控对象做附加移动，如此反复，直到测量值与指令值的差值为零为止。

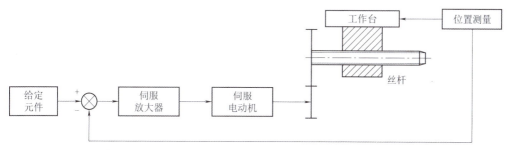

图 2-17　闭环伺服系统原理框图

闭环伺服系统与半闭环伺服系统相比，其反馈点取自最终输出量，避免了半闭环伺服系统中反馈信号取出点与输出量间各元件产生的误差。输出量与输入量之间既有前向作用，又有反向联系，因此称其为闭环控制或反馈控制。由于闭环伺服系统是利用输出量与输入量之间的差值进行控制的，故又称其为负反馈控制。

从理论上讲，闭环伺服系统的定位精度取决于测量元件的精度，但这并不意味着可以降低对传动机构的精度要求。传动副间隙等非线性因素也会造成系统调试困难，严重时还会使系统的性能下降，甚至引起振荡。闭环伺服系统适用于对精度要求高的数控机床，例如超精车床、超精铣床等。

二、机电伺服系统的组成及主要特点

1. 机电伺服系统的组成

机电伺服系统主要由伺服驱动装置和驱动元件（执行元件，如伺服电动机）组成，高性能的机电伺服系统还有检测装置，用于反馈实际的输出状态。机电伺服系统原理框图如图 2-18 所示，其主要由比较环节、控制器、执行环节、被控对象和检测环节五部分组成。

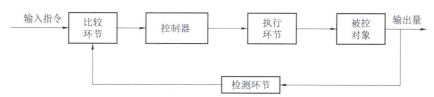

图 2-18　机电伺服系统原理框图

1）比较环节

比较环节将输入的指令信号与系统的反馈信号进行比较，以获得输出与输入的偏差信号，通常由专门的电路或计算机来实现。常用的比较元件有差动放大器、机械差动装置、电桥电路等。

2）控制器

控制器通常是计算机或 PID 控制电路（比例—积分—微分电路）及放大电路，其主要任务是对比较元件输出的偏差信号进行变换处理和功率放大，以控制执行元件按要求动作。

3）执行环节

执行环节的作用是按控制信号的要求，将输入的能量转化为机械能，驱动被控对象工作。机电伺服系统中的执行元件一般指各种电动机或液压、气动机构。

4）被控对象

被控对象指被控制的机构或装置，它是直接完成系统目的的主体，一般包括传动系统、执行装置和负载。被控量通常指机械参数量，包括位移、速度、加速度、力和力矩等。

5）检测环节

检测环节指能够对输出进行测量并转换成比较环节所需要的物理量的装置，一般包括传感器和转换电路。常见的测量元件有电位计、测速发电机、自整角机或旋转变压器等。在实际的机电伺服系统中，上述每个环节在硬件特征上并不独立，可能几个环节在一个硬件中，例如测速发电机既是执行元件，又是检测元件。

2. 机电伺服系统的技术要求

理想的机电伺服系统的被控量和给定值在任何时候都应该相等，完全没有误差，而且不受干扰的影响。因此，在设计机电伺服系统时应满足以下技术要求。

1）稳定性高

稳定性是指动态过程的振荡倾向和系统重新恢复平衡工作状态的能力。处于静止或平衡工作状态的系统，当受到任何输入的激励时，就可能偏离原平衡工作状态。当激励消失后，经过一段暂态过程以后，系统中的状态和输出都能恢复到原先的平衡工作状态，则系统是稳定的。

2）精度高

机电伺服系统的精度是指输出量能复现输入量的精确程度，以误差的形式表现，可概括为动态误差、稳态误差和静态误差三个方面。

3）响应速度高

响应速度是指机电伺服系统的跟踪精度，它是动态品质的重要指标。响应速度与许多因素有关，如计算机的运行速度、运动系统的阻尼和质量等。

4）低速大转矩，高速恒功率

在机电伺服系统中，通常要求在低速时为恒转矩控制，伺服电动机能够提供较大的输出转矩；在高速时为恒功率控制，要求有足够大的输出功率。

5）调速范围宽

调速范围是指伺服电动机所能提供的最高转速与最低转速之比。调速范围是衡量机电伺服系统变速能力的指标。

3. 机电伺服系统的主要特点

（1）有精确的检测装置，可组成速度和位置闭环控制系统。

（2）使用多种反馈比较原理与方法。检测装置实现信息反馈的原理不同，机电伺服系统反馈比较的方法也不同，目前常用的有脉冲比较、相位比较和幅值比较3种。

（3）属于宽调速范围的速度调节系统。从系统的控制结构看，数控机床的位置闭环系统可以看作位置调节为外环、速度调节为内环的双闭环自动控制系统，其内部的实际工作过程是把位置控制输入转换成相应的速度给定信号后，再通过调速系统驱动伺服电动机，实现实际位移。数控机床的主轴运动对调速性能的要求也比较高，因此要求机电伺服系统为高性能的宽调速系统。

（4）有高性能伺服电动机。在用于高效和复杂型面加工的数控机床中，由于机电伺服系统经常处于频繁地启动和制动过程中，所以要求伺服电动机的输出转矩与转动惯量的比值要大，以产生足够大的加速或制动转矩。伺服电动机应具有耐受 4 000 rad/s 以上角加速度的能力，才能保证其在 0.2 s 以内从静止启动到额定转速。要求伺服电动机在低速时有足够大的输出转矩且运转平稳，以便在与机械运动部分连接时尽量减少中间环节。

三、步进电动机与伺服电动机

无论在工业机器人本体中，还是在进行工业机器人应用系统集成时选配或设计的可以运动的设备或机构中，都存在大量不同种类的电动机。工业机器人应用系统集成中的电动机选用，要从电动机的驱动能力和控制能力两个方面进行考虑，才能有效地实现运动控制。在工业机器人应用系统集成中常用的电动机属于控制电机类，主要有步进电机和伺服电动机两种。控制电动机的主要任务是转换和传递控制信号。步进电动机是将电脉冲信号转换为角位移或线位移的开环控制元件。通过控制步进电动机的电脉冲频率和脉冲数，可以很方便地控制其速度和角位移，而且步进电动机的误差不积累，可以达到精确定位的目的，因此它广泛应用在经济型数控机床、雕刻机和工业机器人等定位控制系统中。

1. 步进电动机

步进电动机是将电脉冲转化为角位移或线位移的开环控制元件，是一种专门用于精确控制速度和位置的特种电动机。步进电动机的转动是每输入一个脉冲，步进电动机前进一步。一般电动机是连续旋转的，而步进电动机的转动是一步一步进行的。在非超载的情况下，步进电动机的转速、停止的位置只取决于控制脉冲信号的频率和脉冲数，而不受负载变化的影响，即给步进电动机加一个脉冲信号，步进电动机则转过一个角度。脉冲数越多，步进电动机转动的角度越大。脉冲的频率越高，步进电动机的转速越高，但不能超过最高频率，否则步进电动机的力矩会迅速减小，步进电动机不转。

在定位控制中，步进电动机作为执行元件获得了广泛的应用。步进电机区别于其他电动机的最大特点如下。

（1）可以使用脉冲信号直接进行较为精准的开环控制，系统简单、经济。

（2）位移（角位移）量与输入脉冲数严格成正比，且步距误差不会长期积累，精度较高。

（3）转速与输入脉冲频率成正比，而且可以在相当宽的范围内调节，多台步进电动机同步性能较好。

（4）易于启动、停止和变速，而且停止时有自锁能力。

（5）无电刷，本体部件少，可靠性高，易维护。

步进电动机也存在比较明显的缺点，主要包括带惯性负载能力较差、存在失步和共振、不能使用交直流驱动。

步进电动机在办公设备（绘图仪、打印机、扫描仪等）、计算机外围设备（磁盘驱动器等）、材料输送机、数控机床、工业机器人、3D 打印机等各种自动化设备上获得了广泛应用。

1）步进电动机的工作原理

图 2-19 所示为三相反应式步进电动机原理示意。定子铁芯为凸极结构，共有 3 对磁极（即共 6 个磁极），每两个空间相对的磁极上绕有一相控制绕组。转子用软磁性材料制成，也是凸极结构，只有 4 个齿，齿宽等于定子的极宽。

当 A 相定子绕组通电，其余两相均不通电时，步进电动机内建立以定子 A 相极为轴线的磁场。磁通具有力图走磁阻最小路径的特点，使转子齿 1、3 的轴线与定子 A 相极轴线对齐，如图 2-19（a）所示。A 相定子绕组断电，B 相定子绕组通电时，转子逆时针转过 30°，使转子齿 2、4 的轴线与定子 B 相极轴线对齐，即转子走了一步，如图 2-19（b）所示。若断开 B 相，使 C 相定子绕组通电，则转子逆时针方向又转过 30°，使转子齿 13 的轴线与定子 C 相极轴线对齐，如图 2-19（c）所。如此按 A—B—C—A 的顺序轮流通电，转子就会一步一步地按逆时针方向转动。

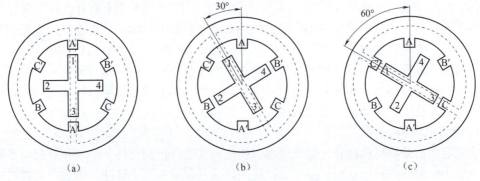

图 2-19　三相反应式步进电动机原理示意图
（a）A 相通电；（b）B 相通电；（c）C 相通电

步进电动机的转速取决于各相定子绕组通电与断电的频率，旋转方向取决于定子绕组轮流通电的顺序。若按 A—C—B—A 的顺序通电，则步进电动机按顺时针方向转动。

（1）三相单三拍工作方式。"三相"是指定子绕组有 3 组；"单"是指每次只能有一相绕组通电；"三拍"是指通电 3 次完成一个通电循环。把每一拍转子转过的角度称为步距角。三相单三拍运行时，步距角为 30°。

正转：A—B—C—A；

反转：A—C—B—A。

（2）三相单双六拍工作方式。一相通电，接着二相通电，间隔地轮流进行，完成一个循环需要经过 6 次改变通电状态，其步距角为 15°。

正转：A—AB—B—BC—C—CA—A；

反转：A—AC—C—CB—B—BA—A。

（3）三相双三拍工作方式。"双"是指每次有两相绕组通电，每通入一个电脉冲，转子也是转 30°，即步距角为 30°。

正转：AB—BC—CA—AB；

反转：AC—CB—BA—AC。

2）步进电动机的结构

步进电动机的外形如图2-20（a）所示，步进电动机由转子（转子铁芯、永磁体、转轴、滚珠轴承），定子（绕组、定子铁芯），前、后端盖等组成，如图2-20（b）、（c）所示。

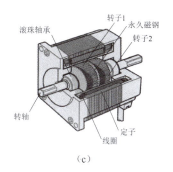

（a）　　　　　　　　　（b）　　　　　　　　　（c）

图2-20　步进电动机的结构示意

（a）步进电动机的外形；（b）实际步进电动机结构；（c）步进电动机结构剖面图

无论是三相单三拍步进电动机，还是三相单双六拍步进电动机，它们的步距角都比较大，用它们作为传动设备的动力源时往往不能满足精度要求。为了减小步距角，实际的步进电动机通常在定子凸极和转子上开很多小齿，如图2-20（b）、（c）所示，这样可以大大减小步距角，提高步进电动机的控制精度。最典型两相混合式步进电动机的定子有8个大齿、40个小齿，转子有50个小齿；三相步进电动机的定子有9个大齿、45个小齿，转子有50个小齿。

步进电动机的步距角一般为1.8°、0.9°、0.72°、0.36°等。步距角越小，步进电动机的控制精度越高，根据步距角可以控制步进电动机行走的精确距离。例如，步距角为0.72°的步进电动机，每旋转一周需要的脉冲数为360/0.72＝500，也就是对步进电动机驱动器发出500个脉冲信号，步进电动机才旋转一周。

步进电动机的机座号主要有35、39、42、57、86和110等。

3）步进电动机的分类

按励磁方式的不同，步进电动机可分为反应式（Variable Reluctance，VR）、永磁式（Permanent Magnet，PM）和混合式（Hybrid Stepping，HB）3类。按定子绕组的不同，步进电动机可分为二相、三相和五相等系列。最受欢迎的是两相混合式步进电动机，约占97%以上的市场份额，其原因是性价比高，配上细分驱动器后效果良好。该种步进电动机的基本步距角为1.8°，配上半步驱动器后，步距角减小为0.9°，配上细分驱动器后，其步距角可细分达256倍（0.007°/微步）。由于摩擦力和制造精度等原因，其实际控制精度略低。同一步进电动机可配上不同细分的驱动器以改变精度和效果。

4）步进电动机的重要参数

（1）步距角。

步进电动机每接收一个步进脉冲信号，它就旋转一定的角度，该角度称为步距角。步进电动机出厂时给出了一个步距角的值，如某型步进电动机给出的步距角的值为0.9°/1.8°（表示半步工作时为0.9°，整步工作时为1.8°），这个步距角可以称为"固有步距角"，它不一定是步进电动机实际工作时的真正步距角，真正步距角和驱动器有关。步距角满足如下公式：

$$\theta = 360° / ZKm$$

式中　Z——转子齿数；

K——通电系数，当前后通电相数一致时，$K=1$，否则，$K=2$；

m——相数。

（2）步进电动机的转速。

步进电动机的转速取决于各相定子绕组通入电脉冲的频率，满足如下公式：

$$n = \frac{60f}{KmZ} = \theta f / 6$$

式中　f——电脉冲的频率，即每秒脉冲数（简称PPS）；

θ——步距角 $[(°)]$。

（3）相数。

步进电动机的相数是指其内部的线圈组数，常用 m 表示。目前常用的有二相、三相、四相、五相、六相、八相步进电动机。步进电动机的相数不同，其步距角也不同，一般二相步进电动机的步距角为 $0.9°/1.8°$，三相步进电动机的步距角为 $0.75°/1.5°$，五相步进电动机的步距角为 $0.36°/0.72°$。在没有细分驱动器时，用户主要靠选择不同相数的步进电动机来满足步距角的要求。如果使用细分驱动器，则相数将变得没有意义，用户只需在细分驱动器上改变细分数，就可以改变步距角。

（4）拍数。

拍数是指完成一个磁场周期性变化所需的脉冲数或导电状态，用 n 表示，或指步进电动机转过一个齿距角所需的脉冲数。以四相步进电动机为例，其有四相双四拍运行方式（即 AB—BC—CD—DA—AB）、四相单双八拍运行方式（即 A—AB—B—BC—C—CD—D—DA—A）。步距角对应一个脉冲信号，步进电动机转子转过的角位移用 θ 表示。$\theta = 360°/$（转子齿数×运行拍数），以常规二、四相，转子齿数为 50 的步进电动机为例，其四拍运行时，步距角为 $0 = 360°/(50×4) = 1.8°$（俗称"整步"），其八拍运行时步距角为 $0 = 360°/(50×8) = 0.9°$（俗称"半步"）。

（5）保持转矩。

保持转矩是指步进电动机通电，但没有转动时，定子锁住转子的力矩。它是步进电动机最重要的参数之一，通常步进电动机在低速时的力矩接近保持转矩。由于步进电动机的输出力矩随转速的升高而不断衰减，输出功率也随转速的升高而变化，所以保持转矩就成为衡量步进电动机性能最重要的参数之一。例如，实际应用时被称作 3 N·m 的步进电动机，在没有特殊说明的情况下指的是可保持转矩为 3 N·m 的步进电动机。

5）步进电动机的驱动与控制

步进电动机的运行由一个电子装置来驱动，这种电子装置就是步进电动机驱动器（图2-21）。它把控制系统发出的脉冲信号加以放大来驱动步进电动机。步进电动机的转速与脉冲信号的频率成正比，控制步进电动机脉冲信号的频率，可以对步进电动机精确调速；控制步进脉冲的个数，可以对步进电动机精确定位。

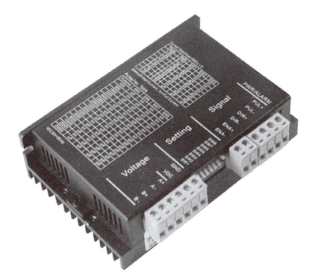

图 2-21　步进电动机驱动器外观

　　从步进电动机的转动原理可以看出，要使步进电动机正常运行，就必须按规律控制步进电动机的每一相绕组得电。通常步进电动机驱动器有 3 种输入信号，分别是脉冲信号（PUL）、方向信号（DIR）和使能信号（ENA）。因为步进电动机在停止时，通常有一相得电，转子被锁住，所以当需要转子松开时，可以使用使能信号。

　　步进电动机控制系统由控制器、步进电动机驱动器和步进电动机构成，如图 2-22 所示。控制器发出控制信号，步进电动机驱动器在控制信号的作用下输出较大电流（1.5～6 A，不同型号是有区别的）驱动步进电动机，按控制要求对机械装置准确实现位置控制或速度控制。

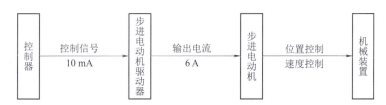

图 2-22　步进电动机控制系统组成

　　步进电动机的运动方向与其内部绕组的通电顺序有关，改变输入脉冲的相序就可以改变步进电动机的转向。转速则与输入脉冲信号的频率成正比，转动角度或位移与输入的脉冲数成正比。改变脉冲信号的频率就可以在很宽的范围内改变步进电动机的转速，并能快速启动、制动和反转，因此，可用控制脉冲数量、频率及步进电动机各相绕组的通电顺序来控制步进电动机的转动。控制器的实现形式很多，可以是内置运动卡的计算机，也可以是单片机，还可以使用 PLC。

2. 伺服电动机

　　伺服电动机在机电伺服系统中作为执行元件得到广泛应用。和步进电动机不同的是，伺服电动机是将输入的电压信号变换成转轴的角位移或角速度输出，以驱动被控对象，改变控制电压可以改变伺服电动机的转向和转速。其主要特点是，当信号电压为零时无自转现象，转速随着转矩的增大而匀速下降。其控制速度、位置的精度非常高。如图 2-23 所示，伺服电动机带有编码器、编码器电缆、输入电源线电缆。

（1）编码器：位于伺服电动机的背面，主要测量伺服电动机的实际转速，并将转速信号转化为脉冲信号。

（2）编码器电缆：从伺服电动机背面的编码器引出一组电缆，主要传输测得的转速信号并反馈给控制器进行比较。

（3）输入电源线电缆：与伺服电动机内部绕组 U、V、W 连接，还包括一根接地线。

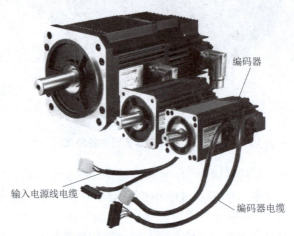

图 2-23　伺服电动机

1）伺服电动机基本知识

伺服电动机按其使用的电源性质不同分为直流伺服电动机和交流伺服电动机两大类。直流伺服电动机分为有刷直流伺服电动机和无刷直流伺服电动机两种。直流伺服电动机具有调速性能良好、启动转矩较大及响应快速等优点，在 20 世纪 60—70 年代得到迅猛发展，使定位控制由步进电动机的开环控制发展成闭环控制，控制精度得到很大提高。但是，直流伺服电动机存在结构复杂、难以维护等严重缺陷，这使其进一步发展受到限制。目前在定位控制中直流伺服电动机已逐步被交流伺服电动机替代。

交流伺服电动机是基于计算机技术、电力电子技术和控制理论的突破性发展而出现的。尤其是 20 世纪 80 年代以来，矢量控制技术的不断成熟极大地推动了交流伺服电动机的发展，交流伺服电动机得到越来越广泛的应用。与直流伺服电动机相比，交流伺服电动机结构简单，完全克服了直流伺服电动机的电刷、换向器等机械部件带来的各种缺陷，加之其过载能力强和转动惯量小等优点，成为定位控制中的主流产品。

交流伺服电动机按其工作原理可分为同步永磁型交流伺服电动机和异步感应型交流伺服电动机，目前运动控制中一般使用同步型永磁型交流伺服电动机，它的功率范围大，可以得到很大的功率惯量，最高转速低，且随着功率的增大而快速降低，因此适用于低速平稳运行。

到目前为止，高性能的机电电伺服系统大多采用同步永磁型交流伺服电动机，因此下面主要介绍同步永磁型交流伺服电动机的结构和工作原理。同步永磁型交流伺服电动机由定子、转子和检测元件（编码器）三部分组成。定子主要包括定子铁芯和三相对称定子绕组；转子主要由永磁体、导磁扼和转轴组成，永磁体贴在导磁扼上，导磁扼套在转轴上，转轴连接编码器。

当同步永磁型交流伺服电动机的定子绕组中通过对称的三相电流时，定子将产生一个转速为 n（称为同步转速）的旋转磁场，在稳定状态下，转子的转速与旋转磁场的转速相同（同步），于是定子的旋转磁场与转子的永磁体产生的主极磁场保持静止，它们之间相互作用，产生磁转矩，拖动转子旋转。转子沿旋转磁场的方向旋转，在负载恒定的情况下，同步永磁型交流伺服电动机的转速随控制电压的高低而变化，当控制电压的相位相反时，同步永磁型交流伺服电动机将反转。同步永磁型交流伺服电动机在没有控制电压时，定子内只有脉动磁场，转子静止不动。当有控制电压时，定子便产生旋转磁场，拖动转子转动。

同步永磁型交流伺服电动机的转子通常做成鼠笼式，但为了具有较宽的调速范围、线性的机械特性，无"自转"现象和具有快速响应的性能，它与普通电动机相比，应具有转子电阻大和转动惯量小这两个特点。目前应用较多的转子结构有两种形式。一种是采用高电阻率的导电材料做成的高电阻率导条的鼠笼转子，为了减小转子的转动惯量，转子做得细长。另一种是采用铝合金制成的空心杯形转子，杯壁很薄，仅 $0.2\sim0.3$ mm，为了减小磁路的磁阻，要在空心杯形转子内放置固定的内定子。空心杯形转子的转动惯量很小，反应迅速，而且运转平稳，因此被广泛采用。

2）伺服电动机驱动器的控制模式

在交流机电伺服系统中，控制器发出的脉冲信号并不能直接控制伺服电动机运转，需要通过一个装置来控制伺服电动机运转，这个装置就是交流伺服电动机驱动器。

伺服电动机驱动器又叫作伺服放大器，其作用是将工频交流电源转换成幅度和频率均可变的交流电源提供给伺服电动机。伺服电动机驱动器主要有 3 种控制模式，分别是位置控制模式、速度控制模式和转矩控制模式。控制模式可以通过设置伺服电动机驱动器的参数来改变。

（1）位置控制模式。

①位置控制的目标。

位置控制是指工件或工具（铣刀、钻头）等以合适的速度向目标位置移动，并高精度地停止在目标位置，如图 2-24 所示。位置控制又称为定位控制。位置精度可以达到微米级别，还能进行频繁的启动、停止。定位控制的要求是始终正确监视伺服电动机的旋转状态，为了达到目标位置，选用检测旋转状态的编码器，同时为了使其具有迅速跟踪指令的能力，选用体现伺服电动机动力性能的启动转矩大而自身惯量小的专用伺服电动机。

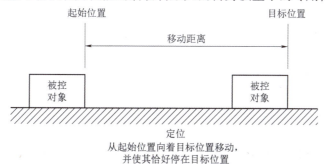

图 2-24 位置控制示意

②位置控制的基本特点。

位置控制是机电伺服系统中最常用的控制方式，它一般通过外部输入脉冲的频率来确定伺服电动机的转速，通过脉冲数来确定伺服电动机转动的角度。机电伺服系统的位置控制的基本特点如下。

a. 机械的位移量与指令脉冲数成正比。

b. 机械的速度与指令脉冲串的速度（脉冲频率）成正比。

c. 最终在±1 个脉冲范围内完成定位，此后只要不改变位置指令，就始终保持在该位置（伺服锁定功能）。

位置控制模式的组成结构如图 2-25 所示。控制器发出控制信号和脉冲信号给伺服电动机驱动器，伺服电动机驱动器输出 U、V、W 三相电源电压给伺服电动机，驱动伺服电动机工作，与伺服电动机同轴旋转的编码器将伺服电动机的旋转信息反馈给伺服电动机驱动器。控制器输出的脉冲信号用来确定伺服电动机的转数，在伺服电动机驱动器中，该脉冲信号与编码器送来的脉冲信号进行比较，若两者相等，就表明伺服电动机的转数已达到要求，伺服电动机驱动的执行元件已移动到指定的位置。控制器发出的脉冲数越多，伺服电动机的转数就越多。

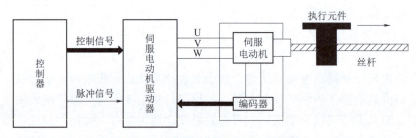

图 2-25　位置控制模式的组成结构

控制器既可以是 PLC，也可以是定位模块，如西门子的 EM253、三菱的 FX2-10GM 和 FX2N-20GM。

（2）速度控制模式。

当伺服电动机驱动器工作在速度控制模式时，通过控制输出电源的频率来对伺服电动机进行调速，伺服电动机驱动器无须输入脉冲信号也可以正常工作，故可取消控制器，此时的伺服电动机驱动器类似变频器。但由于伺服电动机驱动器能接收伺服电动机的编码器送来的转速信息，所以不但能调节伺服电动机的速度，还能让伺服电动机的转速保持稳定。

速度控制模式的组成结构如图 2-26 所示。伺服电动机驱动器输出 U、V、W 三相电源电压给伺服电动机，驱动伺服电动机工作，编码器会将伺服电动机的旋转信息反馈给伺服电动机驱动器。伺服电动机的转速越高，编码器反馈给伺服电动机驱动器的脉冲频率越高。操作伺服电动机驱动器的有关输入开关，可

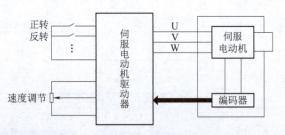

图 2-26　速度控制模式的组成结构

以控制伺服电动机的启动、停止和旋转方向等。调节伺服电动机驱动器的有关输入电位器，可以调节伺服电动机的转速。

伺服电动机驱动器的输入信号可以是开关、电位器等输入的控制信号，也可以用 PLC 等控制设备来产生。

（3）转矩控制模式。

当伺服电动机驱动器工作在转矩控制模式时，通过外部模拟量控制伺服电动机的输出转矩大小。伺服电动机驱动器无须输入脉冲信号也可以正常工作，故可取消控制器，操作伺服电动机驱动器的输入电位器，可以调节伺服电动机的输出转矩。

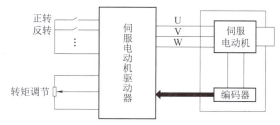

图 2-27 转矩控制模式的组成结构

转矩控制模式的组成结构如图 2-27 所示。

任务实施

任务实施单如表 2-3 所示。

表 2-3 任务实施单

任务名称：丝杠滑台驱动系统的闭环伺服控制改造		
班级：	学号：	姓名：
任务实施内容	任务实施心得	
现有丝杠滑台驱动系统一套，由步进电动机驱动，采用开环控制模式，由 PLC 控制。本任务针对该系统进行闭环伺服控制改造。 　　具体任务要求： 　　①根据丝杠滑台驱动系统实物，绘制步进电动机驱动的开环控制系统原理框图； 　　②根据伺服控制技术原理，绘制丝杠滑台驱动系统的闭环控制系统原理框图，要求按起/终点进行位置伺服控制； 　　③按照闭环控制系统原理图选择丝杠滑台驱动系统的闭环伺服控制改造所用元器件及相关辅助材料等； 　　④进行丝杠滑台驱动系统的实物改造； 　　⑤进行改造后的丝杠滑台驱动系统的闭环伺服控制改造调试和运行效果演示		

项目二 运动控制模块系统集成技术应用

一、任务实施分析

本任务涉及对步进电动机开环控制下的丝杠滑台驱动系统进行闭环伺服控制改造，任务实施内容具体如下。

（1）根据丝杠滑台驱动系统实物，绘制步进电动机驱动的开环控制系统原理框图。

（2）绘制实施改造所用的丝杠滑台驱动系统的闭环控制系统原理框图（改造原理图），要求可以实现丝杆滑台起/终点的位置伺服控制，起/终点距离应不小于丝杆行程的1/2。

（3）根据改造原理图，完成系统改造所需的元器件及其他相关辅助材料的选型。

（4）根据改造原理图，进行丝杠滑台驱动系统的实物改造。

（5）进行改造后的丝杠滑台驱动系统的闭环伺服控制运行演示。

二、任务评价内容

（1）能根据实物准确绘制步进电动机驱动的开环控制系统原理框图。

（2）能根据改造要求准确绘制步进电动机驱动的闭环控制系统原理框图。

（3）能根据改造原理图正确选配元器件及其他相关辅助材料。

（4）能根据改造要求正确实施丝杠滑台驱动系统的实物改造。

（5）能进行改造后的丝杠滑台驱动系统的闭环伺服控制运行演示。

（6）能在整个任务实施过程中遵守 6S 管理要求。

任务评价成绩构成如表 2-4 所示。

表 2-4　任务评价成绩构成

成绩类别	考核项目	赋分	得分
专业技术	元器件及其他相关辅助材料选配	35	
	改造原理图绘制	35	
	改造后的丝杆滑台驱动系统的闭环伺服控制运行演示	20	
职业素养	操作现场 6S 管理	10	

班级：_____　学号：_____　姓名：_____　成绩：_____

三、提交材料

提交表 2-3、表 2-4。

任务3　组态控制技术应用

📶任务解析

人机交互或人机互动（Human－Computer Interaction，HCI；Human－Machine Interaction，HMI）是一门研究系统与用户之间的交互关系的学科，这里的系统可以是各种各样的机器，也可以是计算机化的系统和软件。人机界面（Human-Machine Interface，HMI）通常是指用户可见的部分，用户通过 HMI 与系统交流，并进行操作。如今，HMI 几乎随处可见，小如收音机的播放面板，大到飞机的控制仪表板或发电厂的控制室显示屏。

本任务以组态技术基本知识为出发点，着重讲述了组态软件及其使用方法，并通过任务的实施，对 HMI 设计方法在直流电动机运动控制中的实际应用进行了重点突破。

知识链接

一、认识组态与组态软件

1. 组态与组态软件的含义

在使用工业控制软件时，人们经常提到"组态"一词。与硬件生产对照，组态与组装类似。例如组装一台计算机，事先提供了各种型号的主板、机箱、电源、CPU、显示器、硬盘及光驱等，则工作就是用这些部件拼凑成需要的计算机。当然软件的组态比硬件的组装有更大的发挥空间，因为它一般要比硬件组态中的"部件"更多，而且每个"部件"都很灵活，可以通过改变软件的内部属性进而改变其规格（如大小、形状和颜色等）。"组态"有设置、配置等含义，就是模块的任意组合。在软件领域，组态是指操作人员根据应用对象及控制任务的要求，配置应用软件的过程（包括对象的定义制作和编辑，对象状态特征、属性参数的设定等），即使用软件工具对计算机及软件的各种资源进行配置，达到让计算机或软件按照预先的设置自动执行特定任务、满足使用者要求的目的，也就是把组态软件视为"应用程序生成器"。组态软件是数据采集与过程控制的专用软件，它在自动控制系统控制层一级的软件平台和开发环境中，使用灵活的组态方式（而不是编程方式）为用户提供良好的用户开发界面和简捷的使用方法，它解决了控制系统的通用性问题。其预先设置的各种软件模块可以非常容易地实现和完成控制层的各项功能，并能同时支持各种硬件厂家的计算机和 I/O 产品，与控制计算机和网络系统结合，可向控制层和管理层提供软、硬件的全部接口。进行系统集成的组态软件应该能支持各种工控设备和常见的通信协议，并且通常应提供分布式数据管理和网络功能。对应原有的 HMI 概念，组态软件应该是一个使用户能快速建立自己的 HMI 的软件工具或开发环境。

在工业控制中，组态一般是指通过对软件采用非编程的操作方式（主要有参数填写、图形连接和文件生成等），使软件乃至整个系统具有某种指定的功能。由于用户对控制系统的要求千差万别（包括流程画面、系统结构、报表格式和报警要求等），而开发商又不可能专门为每个用户单独进行开发。因此，只能事先开发一套具有一定通用性的软件开发平台，生产（或者选择）若干种规格的硬件模块（如 I/O 模块、通信模块和现场控制模块），然后根据用户的要求在软件开发平台上进行二次开发，以及进行硬件模块的连接。这种软件的二次开发工作就称为组态。相应的软件开发平台就称为控制组态软件，简称组态软件。控制系统在完成组态之前只是一些硬件和软件的集合体，只有通过组态才能使其成为一个具体的满足生产过程需要的应用系统。

从应用的角度讲，组态软件是完成系统硬件与软件沟通、建立现场与控制层沟通的 HMI 的软件开发平台，它主要应用于工业自动化领域，但又不仅局限于此。在工业控制中存在两大类可变因素：一是操作人员需求的变化；二是被控对象状态的变化及被控对象所用硬件的变化。组态软件正是在保持软件开发平台执行代码不变的基础上，通过改变软件配置信息（包括图形文件、硬件配置文件和实时数据库等）适应不同系统对两大类可变因素的要求，构建新的控制系统。以这种方式构建控制系统，既提高了控制系统的成套速度，又保证了控制系统的成熟性和可靠性，使用起来方便灵活，而且便于修改和维护。现在的组态软件均采用面向对象编程技术，提供了各种应用程序模板和对象。二次开发人员根据具体需求，建立模块（创建对象），然后定义参数（定义对象的属性），最后生成可供运行的应用程序。具体地说，组态实际上是生成一系列可以直接运行的程序代码。生成的程序代码可以直接运行在用于组态的计算机上，也可以下载到其他的计算机上。

组态可以分为离线组态和在线组态两种。所谓离线组态，是指在控制系统运行之前完成组态工作，然后将生成的应用程序安装在相应的计算机中。在线组态是指在控制系统运行过程中组态。

随着计算机软件技术的快速发展以及用户对控制系统功能要求的增加，实时数据库、实时控制、数据采集与监视控制系统（SCADA）、通信及联网、开放数据接口、对 I/O 设备的广泛支持已经成为它的主要内容。随着计算机软件技术的发展，组态软件将会不断被赋予新的内涵。

2. 使用组态软件的意义

在组态软件出现之前，工业控制领域的用户通过手工或委托第三方编写 HMI 应用，开发时间长、效率低、可靠性低；或者购买专用的工控系统（通常是封闭的系统），选择余地小，往往不能满足需求，很难与外界进行数据交互，升级和增加功能都受到严重的限制。组态软件的出现，把用户从这些困境中解脱出来，用户可以利用组态软件的功能，构建一套最适合自己的应用系统。

组态软件是标准化、规模化、商品化的通用工业控制开发软件，只需进行标准功能模块的组合和简单的编程，就可设计出标准化、专业化、通用性高、可靠性高的上位机 HMI 控制程序，且工作量较小，开发调试周期短，对程序设计人员要求也较低，因此，组态软件是性能优良的软件产品，已成为开发上位机 HMI 控制程序的主流开发工具。

在实时控制系统中，为了实现特定的应用目标，需要进行应用程序的设计和开发。过去，由于技术发展水平的限制，没有相应的软件可供利用。应用程序一般需要应用单位自行开发或委托专业单位开发，这就影响了整个工程的进度，系统的可靠性和其他性能指标也难以得到保证。为了解决这个问题，不少厂商在发展控制系统的同时，也致力于控制软件产品的开发。控制系统的复杂性对软件产品提出了很高的要求。要想成功开发一个较好的、通用的控制系统产品，需要投入大量的人力、物力，并需经实际检验，代价是很高昂的，特别是开发功能较全、应用领域较广的控制系统，投入的费用更是惊人。

对于控制系统的使用者而言，虽然购买一套适合应用的控制系统软件产品要付出一定的费用，但相对于自己开发所花费的各项费用总和还是比较合算的。况且，一个成熟的控制系统软件产品一般都已在多个项目中得到了成功的应用，各方面的性能指标都在实际运行中得到了检验，能保证较好地实现应用单位的目标，同时，整个工程周期也可以相应缩短，便于更早地为生产现场服务，并创造相应的经济效益。因此，近年来有不少应用单位开始购买现成的控制系统软件产品。

使用组态软件构成的控制系统，在硬件设计上，除采用工业 PC 外，还大量采用各种成熟通用的 I/O 接口设备和现场设备，基本不再需要单独进行具体电路设计。这不仅节约了硬件开发时间，还提高了控制系统的可靠性。组态软件实际上是专为工业控制开发的工具软件。它为用户提供了多种通用工具模块，用户不需要掌握太多的编程技术（甚至不需要编程技术），就能很好地完成复杂工程所要求的所有功能。系统设计人员可以把更多的注意力集中在如何选择最优的控制方法、设计合理的控制系统结构、选择合适的控制算法等提高控制品质的关键问题上。另外，从管理的角度来看，使用组态软件开发的控制系统具有与 Windows 一致的图形化操作界面，非常便于生产的组织与管理。

由于组态软件都是由专门的软件开发人员按照软件工程的规范开发的，使用前又经过了比较长时间的工程运行考验，所以其质量是有充分保证的。因此，只要开发成本允许，使用组态软件进行开发是一种比较稳妥、快速和可靠的办法。

二、组态软件的功能和特点

1. 组态软件的功能

1）强大的界面显示组态功能

目前，组态软件大都运行于 Windows 环境下，充分利用 Windows 的图形功能完善、界面美观的特点，可视化的 IE 风格界面，丰富的工具栏，操作人员可以直接进入开发状态，从而节省时间。丰富的图形控件和工况图库提供了大量的工业设备图符、仪表图符，还提供了趋势图、历史曲线、组数据分析图等。用户可以随心所欲地绘制各种界面，并可以任意编辑。丰富的动画连接方式（如隐含、闪烁、移动等）使界面生动、直观，画面丰富多彩，为设备的正常运行、操作人员的集中控制提供了极大的方便。

2）良好的开放性

社会化大生产使得构成控制系统的全部软、硬件不可能出自同一家公司，"异构"是当今控制系统的主要特点之一。开放性是指组态软件能与多种通信协议互连，支持多种硬件设备。开放性是衡量组态软件好坏的重要指标。组态软件向下应能与底层的数据采集设备通信，向上通过 TCP/IP 与高层管理网互连，实现上位机与下位机的双向通信。

3）丰富的功能模块

组态软件提供丰富的控制功能库，可以满足用户的测控要求和现场操作要求。利用各种功能模块，可以完成实时监控，产生功能报表，显示历史曲线、实时曲线和提供报警等功能，使控制系统具有良好的 HMI，易于操作。控制系统既适用于单机集中式控制、DCP 分布式控制，也可以是带远程通信能力的远程测控系统。

4）强大的数据库

组态软件配有实时数据库，可存储各种数据，如模拟量、离散量和字符型等，实现与外部设备的数据交换。

5）可编程的命令语言

组态软件支持可编程的命令语言，使用户可根据自己的需要编写程序。

6）周密的系统安全防范

对不同的操作者，组态软件赋予其不同的操作权限，保证整个系统安全可靠地运行。

7）仿真功能

组态软件提供强大的仿真功能，使用户可以进行并行设计，从而缩短开发周期。

2. 组态软件的特点

组态软件的特点如下。

1）封装性

组态软件所能完成的功能都用一种方便用户使用的方法包装起来，用户不需要掌握太多的编程技术（甚至不需要编程技术），就能很好地完成一个复杂工程所要求的所有功能，因此组态软件易学易用。

2）开放性

组态软件大量采用"标准化技术"，如 OPC、DDE、ActiveX 技术等，在实际应用中用户可以根据自己的需要进行二次开发，例如可以很方便地使用 VB 或 C++ 等编程语言自行编制所需的设备构件，装入设备工具箱，不断充实设备工具箱。很多组态软件提供了高级开发向导，可以自动生成设备驱动程序的框架，为用户开发设备驱动程序提供帮助，用户甚至可以采用 I/O 设备自行编写动态链接库（DLL），在策略编辑器中挂接自己的应用程序模块。

3）通用性

用户根据工程实际情况，利用组态软件提供的底层设备（PLC、智能仪表、智能模块、板卡和变频器等）的 I/O 驱动器、开放式的数据库和界面制作工具，就能完成一个具有动画效果、能够进行实时数据处理、历史数据和曲线并存、具有多媒体功能和网络功能的不受行业限制的工程。

4）方便性

由于组态软件的使用者是自动化工程设计人员，所以组态软件的主要目的是确保使用者在生成适合自己需要的控制系统时不需要或者尽可能少地编制软件程序的源代码。因此，在设计组态软件时，应充分了解自动化工程设计人员的基本需求，并加以总结提炼，集中解决共性问题。

组态软件主要解决的共性问题如下。

（1）如何与采集、控制设备进行数据交换。

（2）如何使来自设备的数据与计算机图形画面上的各元素关联。

（3）如何处理数据报警及系统报警。

（4）如何保存历史数据并支持历史数据的查询。

（5）如何生成和打印输出各类报表。

（6）如何为使用者提供灵活、多变的组态工具，以适应不同应用领域的需求。

（7）如何使最终生成的控制系统运行稳定可靠。

（8）如何设计与第三方程序的接口，以方便数据共享。

在很好地解决了上述问题后，自动化工程设计人员在组态软件中只需要填写一些事先设计的表格，再利用图形功能就可以把被控对象（如反应罐、温度计、锅炉、趋势曲线和报表等）形象地画出来，通过内部数据变量连接把被控对象的属性与 I/O 设备的实时数据进行逻辑连接。当由组态软件生成的控制系统投入运行后，与被控对象相连的 I/O 设备数据发生变化时，会直接带动被控对象的属性变化，同时在界面上显示。对控制系统进行修改也十分方便，这就是组态软件的方便性。

5）组态性

组态控制技术是计算机控制技术发展的结果，采用组态控制技术的控制系统最大的特点是从硬件开发到软件开发都具有组态性，设计者的主要任务是分析控制对象，在平台上基础上按照使用说明进行系统级二次开发即可构成针对不同控制对象的控制系统，免去了程序代码、图形图表、通信协议和数字统计等诸多具体细节的设计和调试。因此，控制系统的可靠性和开发速度提高了，开发难度却下降了。

三、组态软件的构成与组态方式

1. 组态软件的构成

目前世界上组态软件的种类繁多，仅国产的组态软件就有 30 多种，其设计思想、应用对象相差很大，因此，很难用一个统一的模型进行描述。但是，组态软件在技术特点上有以下几点是共同的：提供开发环境和运行环境；采用客户/服务器模式，软件采用组件方式构成；采用 DDE、OLE、COM/DCOM、ActiveX 技术；提供诸如 ODBC、OPC、AP 接口支持分布式应用；支持多种系统结构，如单用户、多用户（网络），甚至多层网络结构；支持 Internet 应用。

组态软件的结构划分有多种标准，下面以使用组态软件的工作阶段和组态软件体系的成员构成两种标准讨论其组态软件的构成。

1）以使用组态软件的工作阶段划分

从总体结构上看，组态软件一般由系统开发环境（或称为组态环境）与系统运行环境两大部分组成。系统开发环境和系统运行环境之间的联系纽带是实时数据库，三者之间的关系如图 2-28 所示。

图 2-28　系统开发环境、实时数据库和系统运行环境三者之间的关系

（1）系统开发环境。

系统开发环境是自动化工程设计人员为实施其控制方案，在组态软件的支持下进行应用程序的系统生成工作所必须依赖的工作环境。通过建立一系列用户数据文件，生成最终的图形目标控制系统。系统开发环境由若干个组态程序组成，如图形界面组态程序、实时数据库组态程序等。

（2）系统运行环境。

在系统运行环境下，目标应用程序被装入计算机内存并投入实时运行。系统运行环境由若干个运行程序组成，如图形界面运行程序、实时数据库运行程序等。

组态软件支持在线组态，即在不退出系统运行环境的情况下可以直接进入系统开发环境并修改组态，使修改后的组态直接生效。

自动化工程设计人员最先接触的一定是系统开发环境，通过一定工作量的系统组态和调试，最终将目标应用程序在系统运行环境中投入实时运行，完成一个工程项目。一般工程应用必须有一套系统开发环境，也可以有多套系统运行环境。在本书的实例中，为了方便起见，将系统开发环境和系统运行环境放在一起，通过菜单限制编辑修改功能从而实现系统运行环境。好的组态软件应该能够为用户提供快速构建控制系统的手段，例如对输入信号进行处理的各种模块、各种常见的控制算法模块、构造 HMI 的各种图形要素、使用户能够方便地进行二次开发的平台或环境等。对于通用的组态软件，它还应当提供各类工控设备的驱动程序和常见的通信协议。

2）按照组态软件体系的成员构成划分

组态软件功能强大，而每个功能相对来说又具有一定的独立性，因此其构成形式是集成软件平台，由若干功能组件构成。

组态软件必备的功能组件包括如下 6 个部分。

（1）应用程序管理器。

应用程序管理器是提供应用程序的搜索、备份、解压缩、建立等功能的专用管理工具。在自动化工程设计人员应用组态软件进行工程设计时，经常会遇到下面的问题：经常需要进行组态数据的备份；经常需要引用以往成功项目中的部分组态成果（如画面）；经常需要迅速了解计算机中保存了哪些应用项目。虽然这些工作可以用手动方式实现，但效率低，极易出错。有了应用程序管理器的支持，这些工作将变得非常简单。

（2）图形界面开发程序。

图形界面开发程序是自动化工程设计人员为实施其控制方案，在图形编辑工具的支持下进行图形系统生成工作所依赖的开发环境。

（3）图形界面运行程序。

在系统运行环境中，图形目标控制系统被图形界面运行程序装入计算机内存并投入实时运行。

（4）实时数据库系统组态程序。

有的组态软件只在系统开发环境中增加了简单的数据管理功能，因此不具备完整的实时数据库系统。目前比较先进的组态软件都有独立的实时数据库系统组态程序，以提高控制系统的实时性，增强处理能力。实时数据库系统组态程序是建立实时数据库的组态工具，可以定义实时数据库的结构、数据来源、数据连接方式、数据类型及相关的各种参数。

（5）实时数据库系统运行程序。

在系统运行环境中，目标实时数据库及其应用系统被实时数据库系统运行程序装入计算机内存，并执行预定的各种数据计算、数据处理任务。历史数据的查询、检索，报警的管理都是在实时数据库系统运行程序中完成的。

（6）I/O 驱动程序。

I/O 驱动程序是组态软件必不可少的组成部分，用于 I/O 设备通信和数据交换。DDE 和 OPC 客户端是两个通用的标准 I/O 驱动程序，用来支持 DDE 和 OPC 标准的 I/O 设备通信。多数组态软件的 DDE 客户端被整合在实时数据库系统或图形系统中，而 OPC 客户端则多数单独存在。

2. 常见的组态方式

下面介绍几种常见的组态方式。由于目前有关组态方式的术语还未统一，所以本书中所用的术语可能与一些组态软件所用的术语有所不同。

1）系统组态

系统组态又称为系统管理组态（或系统生成），这是整个组态工作中的第一步，也是最重要的一步。系统组态的主要工作是对系统的结构以及构成系统的基本要素进行定义。以集散控制系统（Distributed Control System，DCS）组态为例，硬件配置的定义包括：选择什么样的网络层次和类型（如宽带、载波带），选择什么样的工程师站、操作员站和现场控制站（I/O 控制站）（如类型、编号、地址等）及其具体的配置，选择什么样的 I/O 模块（如类型、编号、地址等）及其具体的配置。有的 DCS 组态可以非常详细。例如，电源、电缆与其他部件在机柜中的槽位，打印机以及各站使用的软件等，都可以在系统组态中进行定义。系统组态一般采用图形加填表的方式。

2）控制组态

控制组态又称为控制回路组态，它同样是一种非常重要的组态。控制系统要完成各种复杂的控制任务，例如各种操作的顺序动作控制、各变量之间的逻辑控制以及各关键参量的控制（如 PID、前馈、串级、解耦，甚至是更为复杂的多变量预控制、自适应控制等）。因此，有必要生成相应的应用程序来实现这些控制。组态软件往往提供各种不同类型的控制模块，组态过程就是将控制模块与各被控变量联系，并定义控制模块的参数（例如比例系数、积分时间等）。另外，对于一些被监视的变量，也要在信号采集之后对其进行一定的处理，这种处理也是通过控制模块来实现的。因此，需要将这些被监视的变量与相应的控制模块联系，并定义有关的参数。这些工作都是在控制组态中完成的。由于控制问题往往比较复杂，组态软件提供的各种控制模块不一定能够满足现场的需要，所以需要用户作进一步的开发，即自行建立符合需要的控制模块。因此，组态软件应该能够给用户提供相应的开发手段。通常有两种方法，一是用户自己用高级编程语言来实现，然后嵌入系统；二是由组态软件提供脚本语言来实现。

3）画面组态

画面组态的任务是为控制系统提供一个方便操作员使用的 HMI。画面组态的工作主要包括两个方面，一是画出一幅（或多幅）能够反映控制过程概貌的图形；二是将图形中的某些要素（例如数字、高度、颜色）与现场的变量联系（又称为数据连接或画连接），当现场的参数发生变化时，就可以及时地在屏幕上显示出来，或者通过在屏幕上改变参数来控制现场的执行机构。

现在的组态软件都会为用户提供丰富的图形库。图形库包含大量的图形元件，只需在图库中将相应的子图调出，再作少量修改即可。因此，即使完全不会编程序的人也可以绘制漂亮的图形。图形可以分为两种，一种是平面图形，另一种是三维图形。平面图形虽然不是十分美观，但占用内存少，运行速度高。

数据连接分为两种，一种是被动连接，另一种是主动连接。对于被动连接，当现场的参数改变时，屏幕上相应数字量的显示值或图形的某个属性（例如高度、颜色等）也会相应改变。对于主动连接方式，当操作人员改变屏幕上显示的某个数值或某个图形的属性（例如高度、位置等）时，现场的某个参数就会发生相应的改变。显然，利用被动连接可以实现现场数据的采集与显示，而利用主动连接可以实现操作人员对现场设备的控制。

4）数据库组态

数据库组态包括实时数据库组态和历史数据库组态。实时数据库组态的内容包括数据库各点（变量）的名称、类型、工位号、工程量转换系数上/下限、线性化处理、报警限和报警特性等。历史数据库组态的内容包括定义各进入历史数据库数据点的保存周期。有的组态软件将数据点与I/O设备的连接也放在数据库组态中。

5）报表组态

一般控制系统都带有数据库。因此，可以很轻易地将生产过程形成的实时数据形成对管理工作十分重要的日报、周报或月报。报表组态包括定义报表的数据项、统计项，报表的格式以及打印报表的时间等。

6）报警组态

报警是控制系统的一项重要功能，它的作用是当被控或被监视的某个参数达到一定数值时，以声音、光线、闪烁或打印机打印等方式发出报警信号，提醒操作人员注意并采取相应的措施。报警组态的内容包括报警的级别、报警限、报警方式和报警处理方式的定义。有的组态软件没有专门的报警组态，而是将其放在控制组态或画面组态中。

7）历史组态

由于控制系统对实时数据采集的采样周期很短，形成的实时数据很多，这些实时数据不可能，也没有必要全部保留，所以可以通过历史模块浓缩实时数据，形成有用的历史记录。历史组态的作用是定义历史模块的参数，形成各种浓缩算法。

8）环境组态

组态工作十分重要，如果处理不好，就会使控制系统无法正常工作，甚至造成控制系统瘫痪。因此，应当严格限制组态的人员。一般的做法是设置不同的环境，例如过程工程师环境、软件工程师环境以及操作员环境等。只有在过程工程师环境和软件工程师环境中才可以进行组态，而在操作员环境中只能进行简单的操作。为此，引入环境组态的概念。所谓环境组态，是指通过定义软件参数建立相应的环境。不同的环境拥有不同的资源，且环境是有密码保护的。还有一个办法是不在运行平台上组态，组态完成后再将运行的程序代码安装到运行平台中。

四、组态软件的使用

组态软件通过I/O驱动程序从现场I/O设备获得实时数据，对数据进行必要的加工后，一方面以图形方式直观地显示在屏幕上，另一方面按照组态要求和操作人员的指令将控制数据送给I/O设备，对执行机构实施控制或调整控制参数。具体的工程应用必须经过完整、详细的组态设计才能够正常工作。

组态软件的使用步骤如下。

（1）汇总系统所需全部I/O点的参数，并制作汇总表格，以备在组态软件和控制、检测设备上组态时使用。

（2）明确所使用I/O设备的品牌、种类、型号，尤其是所用的通信接口类型和通信协议，以便在定义I/O设备时进行选择。

（3）将所有I/O点的I/O标识收集齐全，并填写表格。I/O标识是唯一的确定I/O点的关键字。组态软件通过向I/O设备发出I/O标识来请求对应的数据。在大多数情况下，

I/O 标识是 I/O 点的地址或位号名称。

（4）根据工艺过程绘制、设计画面结构和画面草图。

（5）按照第（1）步制作的汇总表格，建立实时数据库，正确组态各种变量参数。

（6）根据第（1）步和第（3）步的统计结果，在实时数据中建立实时数据库变量与 I/O 点的一一对应关系，即定义数据连接。

（7）根据第（4）步的画面结构和画面草图，组态每一幅静态操作画面。

（8）将操作画面中的图形对象与实时数据库变量建立动画连接关系，规定动画属性和幅度。

（9）对组态内容进行分段和总体调试。

（10）系统投入运行。

在控制系统中，投入运行的组态软件是控制系统的数据收集处理中心、远程监视中心和数据转发中心，处于运行状态的组态软件与各种控制、检测设备（如 PLC、智能仪表、DCS 等）共同构成快速响应的控制中心。控制方案和算法一般在设备上组态并执行，也可以在 PC 上组态，然后下装到设备中执行，根据设备的具体要求而定。

组态软件投入运行后，操作人员可以在它的支持下完成以下 6 项任务。

（1）查看生产现场的实时数据及流程画面。

（2）自动打印各种实时/历史生产报表

（3）自由浏览各实时/历史趋势画面。

（4）及时得到并处理各种过程报警和系统报警。

（5）在需要时，人为干预生产过程，修改生产过程参数和状态。

（6）与管理部门的计算机联网，为管理部门提供生产实时数据。

组态控制系统的过程如下。

（1）进行工程项目系统分析。

首先了解控制系统的构成和工艺流程，明确被控对象的特征和技术要求；然后在此基础上进行工程的整体规划，包括控制系统应实现哪些功能、控制流程如何、需要什么样的用户窗口界面、实现何种动画效果以及如何在实时数据库中定义数据变量。

（2）设计用户操作菜单。

在控制系统运行的过程中，为了便于画面的切换和变量的提取，通常应根据实际需设计用户操作菜单。例如，可以通过设计按钮来执行某些命令或通过其输入数据给某些变量等。

（3）进行画面设计。

画面设计主要包括画面建立、画面编辑和动画编辑与连接几个步骤。画面由用户根据实际需要进行编辑制作，然后将画面与已定义的变量逐一关联，以便运行时使画面中的内容能够随变量变化。用户可使用组态软件提供的绘图工具进行画面的编辑制作，也可以通过程序命令（即脚本程序）设计画面。

（4）编写程序进行调试。

程序编写好后，必须先进行在线调试。在实际调试前，先借助一些模拟手段进行初调，通过对现场数据进行模拟，检查动画效果和控制流程是否正确。

（5）连接设备和程序。

利用组态软件编写好程序并调试后，要实现程序和外围设备的连接，在进行连接前，要装入正确的设备驱动程序并定义彼此间的通信协议。

（6）综合测试。

对控制系统进行综合测试，经验收后方可投入运行，在运行过程中发现问题应及时完善控制系统设计。

五、MCGS 组态软件

MCGS（Monitor and Control Generated System，通用监控系统）是一套用于快速构造和生成上位机监控系统的组态软件，它能够在各种 Windows 平台上运行，通过对现场数据的采集处理，以动画显示、报警处理、流程控制和报表输出等多种方式向用户提供解决实际工程问题的方案。

1. MCGS 的功能和特点

MCGS 是为工业过程控制和实时监测领域服务的通用计算机系统软件，具有功能完善、操作简便、可视性和可维护性高的突出特点。

MCGS 的功能和特点可归纳如下。

（1）概念简单，易于理解和使用。普通工程人员经过短时间的培训就能正确掌握 MCGS，快速完成多数简单工程项目的监控程序设计和运行操作。用户可以避开复杂的计算机软/硬件问题，集中精力解决工程本身的问题，按照控制系统的规定，组态出高性能、高可靠性、高度专业化的上位机监控系统。

（2）功能齐全，便于方案设计。MCGS 为解决工程监控问题提供了丰富多样的手段，从设备驱动（数据采集）到数据处理、报警处理、流程控制、动画显示、报表输出和曲线显示等各环节，均有丰富的功能组件和常用图形库可供选用。用户只需根据工程作业的需要和特点，进行方案设计和组态配置，即可生成用户应用系统。

（3）进行实时性与分时并行处理。MCGS 充分利用了 Windows 平台的多任务、按优先级分时操作的功能，使 PC 广泛应用于工程测控领域成为可能。在工程作业中，大量的数据和信息需要及时收集，即时处理，在计算机测控技术领域称其为实时性关键任务，如数据采集、设备驱动和异常处理等。另外，许多工程工作是非实时性的，或称为非时间关键任务，如画面显示可在主机运行周期插空进行。像打印数据一类的工作可运行于后台，称为脱机作业。MCGS 是真正的 32 位系统，以线程为单位进行分时并行处理。

（4）建立实时数据库，便于用户分步组态，保证系统安全可靠运行。MCGS 工程由主控窗口、设备窗口、用户窗口、实时数据库和运行策略五部分构成。其中，实时数据库是整个系统的核心。在生成用户应用系统时，每一部分均可分别进行组态配置，独立建造，互不相干；在系统运行过程中，各部分都通过实时数据库交换数据，形成互相关联的整体。实时数据库是一个数据处理中心，是系统各部分及其各种功能性构件的公用数据区。各部件独立地向实时数据库输入和输出数据，并完成自己的差错控制。

（5）设立设备工具箱，针对外部设备的特征，用户从中选择某种构件，设置于设备窗口内，赋予相关的属性，建立系统与外部设备的连接关系，即可实现对该设备的驱动和控制。不同的设备对应不同的构件，所有设备与构件均通过实时数据库建立联系，而建立联系时又是相互独立的，即对某一构件的操作或改动，不影响其他构件和整个系统的结构。从这一意义上讲，MCGS 是一个"与设备无关"的系统，用户不必担心外部设备局部改动对整个系统的影响。

（6）"面向窗口"的设计方法提高了系统的可视性和可操作性。MCGS 以窗口为单位，构造用户应用系统的图形界面，使组态工作既简单直观，又灵活多变。用户可以使用系统的默认构架，也可以根据需要自行组态配置，生成各种类型和风格的图形界面，包括 DOS 风格的图形界面、标准 Windows 风格的图形界面以及带有动画效果的工具条和状态条。

（7）利用丰富的动画组态功能，快速构造各种复杂生动的动态画面。MCGS 以图像、图符、数据、曲线等多种形式，为操作人员及时提供系统运行中的状态、品质及异常报警等相关信息；使用大小变化、颜色改变、明暗闪烁、移动翻转等多种手段，增强画面的动态显示效果。图元、图符对象定义相应的状态属性，即可实现动画效果。同时，MCGS 为用户提供了丰富的动画构件，模拟工程控制与实时监测作业中常用的物理器件的动作和功能。每个动画构件都对应一个特定的动画功能，例如实时曲线构件、历史曲线构件、报警显示构件、自由表格构件等。

（8）引入"运行策略"的概念。在复杂的工程作业中，运行流程都是多分支的，使用传统的编程方法实现，既烦琐，又容易出错。MCGS 辟开了策略窗口。用户可以选用系统提供的各种条件和功能的策略构件，用图形化的方法构造多分支的应用程序，自由、精确地控制运行流程，按照设定的条件和顺序，操作外部设备，控制窗口的打开或关闭，与实时数据库进行数据交换。同时，也可以由用户创建新的策略构件，扩展系统的功能。

（9）MCGS 系统由五大功能部件组成，主要的功能部件以构件的形式构造。不同的构件有不同的功能，且各自独立。三种基本类型的构件（设备构件、动画构件和策略构件）完成了 MCGS 系统三大部分（设备驱动、动画显示和流程控制）的所有工作。用户也可以根据需要，定制特定类型的构件，使系统的功能得到扩充。这种面向对象的技术大大提高了系统的可维护性和可扩充性。

（10）支持 OLE Automation 技术。MCGS 允许用户根据自己的需要使用 VB 编制特定的功能构件来扩充系统的功能。

（11）MCGS 不再使用普通的文件存储数据，而是使用数据库管理一切。组态时，系统生成的组态结果是一个数据库；运行时，数据对象、报警信息的存储也是一个数据库。利用数据库来保存数据和处理数据，提高了系统的可靠性和运行效率，也使其他应用系统能直接处理数据库中的存盘数据。

（12）设立对象元件库，解决了组态结果的积累和重新利用问题。所谓对象元件库，实际上是分类存储各种组态对象的图库。组态时，可把制作完好的对象（包括图形对象、窗口对象、策略对象以及位图文件等）以元件的形式存入图库，也可把元件库中的各种对象取出，直接为当前的工程所用。随着工作的积累，对象元件库将日益扩大和丰富，组态工作将变得越来越简单方便。

（13）提供对网络的支持。考虑到控制系统今后的发展趋势，MCGS 充分运用现今发展的分布式计算机协同工作（Distributed Computer Cooperator Work，DCCW）技术，来分散在不同现场的数据采集系统和工作站协同工作。通过 MCCS，不同的工作站之间可以实时交换数据，实现对控制系统的分布式控制和管理。

2. MCGS 的构成

1）MCGS 的整体结构

MCGS 由 "MCGS 组态环境" 和 "MCGS 运行环境" 两个系统组成，如图 2-29 所示。两个系统既互相独立，又紧密相关。

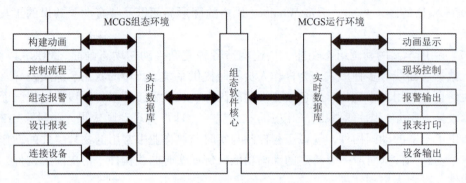

图 2-29　MCGS 的整体结构

MCGS 组态环境是生成用户应用系统的工作环境，由可执行程序 McgsSet. exe 支持，其存放于 MCGS 目录的 Program 子目录中。用户在 MCCS 组态环境中完成动画设计、设备接、控制流程编写、工程报表编制等全部组态工作后，生成扩展名为 .mcg 的工程文件（又称为组态结果数据库），其与 MCGS 运行环境一起构成了用户应用系统。

MCGS 运行环境是用户应用系统的运行环境，由可执行程序 McgsRun. exe 支持，其存放于 MCGS 目录的 Program 子目录中。在 MCGS 运行环境中完成对工程的控制工作。

2）MCGS 工程的五大部分

MCGS 工程由主控窗口、设备窗口、用户窗口、实时数据库和运行策略五部分构成，每一部分分别进行组态操作，完成不同的工作，具有不同的特性。

（1）主控窗口。主控窗口是 MCGS 工程的主窗口或主框架。在主控窗口中可以放置一个设备窗口和多个用户窗口，负责调度和管理这些窗口的打开或关闭。主要的组态操作包括定义工程名称、编制工程菜单、设计封面图形、确定自动启动的窗口、设定动画刷新周期、指定数据库存盘文件名称及存盘时间等。

（2）设备窗口。设备窗口是连接和驱动外部设备的工作环境。在设备窗口中配置数据采集设备、控制输出设备、注册设备驱动程序、定义连接与驱动设备所用的数据变量。

（3）用户窗口。用户窗口主要用于设置 MCGS 工程中的 HMI，例如生成各种动画显示画面、报警输出和数据与曲线图表等。

（4）实时数据库。实时数据库是 MCGS 工程各部分的数据交换与处理中心，它将 MCGS 工程的各部分连接成有机的整体。在实时数据库中定义不同类型和名称的变量，作为数据采集、处理、输出控制、动画连接及设备驱动的对象。

（5）运行策略。运行策略主要完成 MCGS 工程运行流程的控制，包括编写控制程序（If...Then 脚本程序），选用各种功能构件，例如数据提取、历史曲线、定时器、配方操作、多媒体输出等。

组态工作开始时，MCGS 只为用户搭建了一个能够独立运行的空框架，提供了丰富的动画部件与功能部件。要完成一个实际的用户应用系统，应主要完成以下工作。

首先，要像搭积木一样，在 MCGS 组态环境中用 MCGS 提供的或用户扩展的构件构造用户应用系统，配置各种参数，形成具有丰富功能，可实际应用的工程；然后，把 MCGS 组态环境中的组态结果提交给 MCGS 运行环境。MCGS 运行环境和组态结果一起构成了用户应用系统。

3. MCGS 的工作方式

1）MCGS 与设备进行通信

MCGS 通过设备驱动程序与外部设备进行数据交换，包括采集数据和发送设备指令。设备驱动程序是由 VB 编写的 DLL 文件，设备驱动程序包含符合各种设备通信协议的处理程序，将设备运行状态的特征数据采集进来或发送出去。MCCS 负责在 MCGS 运行环境中调用相应的设备驱动程序，将数据传送到工程的各部分，完成整个系统的通信过程。每个设备驱动程序独占一个线程，达到互不干扰的目的。

2）MCGS 产生动画效果

MCGS 为每种基本图形元素定义了不同的动画属性，如长方形的动画属性有可见度、大小变化、水平移动等，每种动画属性都会产生一定的动画效果。所谓动画属性，实际上是反映图形的大小、颜色、位置、可见度、闪烁性等状态的特征参数。然而，在 MCGS 组态环境中生成的画面都是静止的，那么如何在工程运行中产生动画效果？方法如下。图形的每种动画属性都有一个"表达式"设定栏，在该栏中设定一个与图形状态联系的数据变量连接到实时数据库中，以此建立相应的对应关系（称为动画连接）。当工业现场中测控对象的状态（例如储油罐的液面高度等）发生变化时，通过设备驱动程序将变化的数据采集到实时数据库的变量中，该变量是与动画属性相关的变量，数值的变化使图形的状态产生相应的变化（如大小变化）。现场的数据是被连续采集进来的，这样就会产生逼真的动画效果（例如储油罐液面升高或降低）。用户也可编写程序来控制动画效果。

3）MCGS 实施远程多机监控

MCGS 提供了一套完善的网络机制，可通过 TCP/IP 网、Modem 网和串口网将多台计算机连接在一起，构成分布式网络测控系统，实现网络间的实时数据同步、历史数据同步和网络事件的快速传递。同时，可利用 MCGS 提供的网络功能，在工作站上直接对服务器中的数据库进行读/写操作。分布式网络测控系统中的每台计算机都要安装一套 MCCS。MCGS 把各种网络形式，以父设备构件和子设备构件的形式供用户调用，并进行工作状态、端口号、工作站地址等属性参数的设置。

4）对工程运行流程实施有效控制

MCGS 开辟了专用的运行策略窗口，建立用户运行策略。MCGS 提供了丰富的功能构件，供用户选用，通过功能构件配置和属性设置两项组态操作，可以生成各种功能模块（称为"用户策略"），使系统能够按照设定的顺序和条件操作实时数据库，实现对动画窗口的任意切换，控制系统的运行流程和设备的工作状态。所有操作均采用面向对象的直观方式，避免了烦琐的编程工作。

4. MCGS 的基本操作

1）MCGS 常用术语

（1）工程：用户应用系统的简称。引入工程的概念，使复杂的计算机专业技术更贴近普通工程用户。在 MCGS 组态环境中生成的文件称为工程文件，扩展名为 .mcg，存放于

MCGS 目录的 WORK 子目录中，如 "D:\MCGS\WORK\MCGS 例程 1. mcg"。

（2）对象：操作目标与操作环境的统称。例如，窗口、构件、数据、图形等皆为对象。

（3）选中对象：单击窗口或对象，使其处于可操作状态，称此操作为选中对象，被选中的对象（包括窗口）也叫作当前对象。

（4）组态：在窗口环境中进行对象的定义、制作和编辑，并设定其状态特征（属性）参数，此项工作称为组态。

（5）属性：对象的名称、类型、状态、性能及用法等特征的统称。

（6）菜单：执行某种功能的命令集合。位于窗口顶端菜单条内的菜单称为顶层菜单，一般分为独立的菜单和下拉菜单两种形式，下拉菜单还可分成多级，每一级称为次级子菜单。

（7）构件：具备某种特定功能的程序模块，可以用 VB、VC 等程序设计语言编写，通过编译，生成 DLL、OCX 等文件。用户对构件设置一定的属性，并与定义的数据变量连接即可在运行中实现相应的功能。

（8）策略：对系统运行流程进行有效控制的措施和方法。

（9）启动策略：在进入 MCGS 运行环境后首先运行的策略，只运行一次，一般用于完成系统初始化的处理。启动策略由 MCGS 自动生成，具体处理的内容由用户填充。

（10）循环策略：按照用户指定的周期，循环执行策略块的内容，通常用于完成流程控制任务。

（11）退出策略：退出 MCGS 运行环境时执行的策略。退出策略由 MCGS 自动生成，自动调用。一般由该策略模块完成系统结束运行前的善后处理任务。

（12）用户策略：由用户定义，用来完成特定的功能。用户策略一般由按钮、菜单、其他策略调用执行。

（13）事件策略：当开关型变量发生跳变时（1 到 0 或 0 到 1）执行的策略，只运行一次。

（14）热键策略：当用户按下定义的组合快捷键（Ctrl+D）如时执行的策略，只运行一次。

（15）可见度：对象在窗口中的显现状态，即可见与不可见

（16）变量类型：MCGS 定义的变量有 5 种类型，即数值型、开关型、字符型、事件型和组对象。

（17）事件对象：用来记录和标识某种事件的产生或状态的改变，例如开关量的状态变化。

（18）组对象：用来存储具有相同存盘属性的多个变量的集合，内部成员可包含多个其他类型的变量。组对象只是对有关联的某类数据对象的整体表示方法，而实际的操作则均针对每个成员进行。

（19）动画刷新周期：动画更新速度，例如颜色变换、物体运动、液面升降的快慢等，以 ms 为单位。

（20）父设备：本身没有特定功能，但可以和其他设备一起与计算机进行数据交换的硬件设备，例如串口父设备。

（21）子设备：必须通过一种父设备与计算机进行通信的设备，例如岛电 SR25 仪表、研华 4017 模块等。

（22）模拟设备：在对工程文件测试时，提供可变化的数据的内部设备，它可提供多种变化方式。

（23）数据库存盘文件：MCGS 工程文件在硬盘中存储时的文件，类型为 MDB 文件，一般以"工程文件的文件名+D"进行命名，存储在 MCGS 目录下的 WORK 子目录中。

2）MCGS 的操作方式

双击"MCGS 组态环境"图标或选择"开始"→"MCGS 组态环境"选项，弹出的窗口即 MCGS 的工作台窗口，其内容如下。

（1）标题栏：显示"MCGS 组态环境—工作台"标题、工程文件名称及其所在目录。

（2）菜单条：设置 MCGS 的菜单系统。参见《MCGS 组态软件用户指南》附录所列 MCGS 菜单及快捷键列表。

（3）工具条：设有对象编辑和组态用的功能按钮。不同的窗口设有不同功能的工具条，其功能详见《MCGS 组态软件用户指南》附录。

（4）工作台：进行组态操作和属性设置。上部设有 5 个窗口标签，分别对应主控窗口、用户窗口、设备窗口、运行策略窗口和实时数据库窗口。单击窗口标签，即可将相应的窗口激活，进行组态操作。工作台右侧还设有创建对象和对象组态用的功能按钮。

（5）组态工作窗口：是创建和配置图形对象、数据对象和各种构件的工作环境，又称为对象的编辑窗口。它主要包括组成工程框架的五大窗口，即主控窗口、用户窗口、设备窗口、运行策略窗口和实时数据库窗口，分别完成工程命名和属性设置、动画设计、设备连接、控制流程编写、数据变量定义等组态操作。

（6）属性设置窗口：是设置对象各种特征参数的工作环境，又称为属性设置对话框。对象不同，属性设置窗口的内容也各异，但其结构形式大体相同。属性设置窗口主要由下列几部分组成。

①窗口标题：位于属性设置窗口顶部，显示"×属性设置"字样的标题。

②窗口标签：不同属性设置窗口分页排列，窗口标签作为分页的标记，各类窗口分页排列，单击窗口标签即可将相应的窗口激活，进行属性设置。

③输入框：设置属性的输入框，左侧标有属性注释文字，在框内输入属性内容。为了便于用户操作，许多输入框的右侧有"？""▲""..."等按钮，单击相应按钮，将弹出一个列表框，双击列表框中所需要的项目，即可将其设置于输入框内。

④单选按钮：带有"○"标记的属性设定器件。同一设置栏内有多个单选按钮时，只能单击其一。

⑤复选框：带有"□"标记的属性设定器件。同一设置栏内有多个复选框时，可以勾选多个。

⑥功能按钮：一般设有"检查［C］""确认［Y］""取消［N］""帮助［H］"4 种功能按钮。"检查［C］"按钮用于检查当前属性设置内容是否正确；"确认［Y］"按钮用于确定属性设置完毕，返回组态工作窗口；"取消［N］"按钮用于取消当前的属性设置，返回组态工作窗口；"帮助［H］"按钮用于查阅在线帮助文档。

4. 图形库工具箱

MCGS 为用户提供了丰富的组态资源，包括如下几种。

（1）系统图形工具箱：进入用户窗口，单击工具条中的"工具箱"按钮，打开系统图形工具箱，其中有各种图元、图符、组合图形及动画构件的图形元素。利用这些最基本的图形元素，可以制作出任何复杂的图形。

（2）设备构件工具箱：进入设备窗口，单击工具条中的"工具箱"按钮，打开设备构件工具箱，其中有与控制系统经常选用的测控设备匹配的各种设备构件。选用所需的设备构件，放置到设备窗口中，经过属性设置和通道连接后，该设备构件即可实现对外部设备的驱动和控制。

（3）策略构件工具箱：进入运行策略窗口，单击工具条中的"工具箱"按钮，打开策略构件工具箱，其包括所有策略构件。选用所需的策略构件，生成用户策略模块，实现对控制系统运行流程的有效控制。

（4）对象元件库：对象元件库是存放组态完好并具有通用价值动画图形的图形库，便于对组态成果的重复利用。进入用户窗口，执行"工具"→"对象元件库管理"命令，或者打开系统图形工具箱，单击"插入元件"图标，可打开对象元件库管理窗口，进行存放图形的操作。

（5）工具按钮：工作台面的工具条内，排列有各种位图图标的按钮，称为工具条功能按钮，简称为工具按钮。许多工具按钮的功能与菜单条中的菜单命令相同，但操作更为简便，因此在组态操作中经常使用。

5. 使用 MCGS 组态工程的一般过程

1）进行工程项目系统分析

分析工程项目的系统构成、技术要求和工艺流程，明确工程项目系统的控制流程和测控对象的特征，以及监控要求和动画显示方式，分析工程中的设备采集及输出通道与软件中实时数据库变量的对应关系，分清哪些变量是要求与设备连接的、哪些变量是软件内部用来传递数据及显示动画的。

2）进行工程立项

搭建工程结构框架在 MCGS 中称为建立新工程项目。其主要内容包括：定义工程名称、封面窗口名称和启动窗口（封面窗口退出后接着显示的窗口）名称，指定存盘数据库文件的名称以及存盘数据库设定动画刷新的周期。经过此步操作，即在 MCCS 组态环境中建立了由五部分组成的工程结构框架。封面窗口和启动窗口也可等建立用户窗口后再建立。

3）设计菜单基本体系

为了对系统运行的状态及工作流程进行有效的调度和控制，通常要在主控窗口内编制菜单。编制菜单分两步进行，第一步搭建菜单的框架，第二步对各级菜单进行功能组态。在组态过程中，可根据实际需要，随时对菜单的内容进行增加或删除，不断完善菜单。

4）制作动画显示画面

此步操作为静态图形设计和动态属性设置两个过程。在前一过程中，用户通过 MCGS 提供的基本图形元素及动画构件库，在用户窗口内"组合"成各种复杂的画面。在后一过程中，设置图形的动画属性，与实时数据库中定义的变量建立相关性的连接关系，作为动画图形的驱动源。

5）编写控制流程程序

在运行策略窗口中，从策略构件工具箱中选择所需策略构件，构成各种功能模块（称为策略块），由这些模块实现各种人机交互操作。MCGS 还为用户提供了编程用的功能构件（称为"脚本程序"功能构件），可使用简单的编程语言编写工程控制程序。

6）完善菜单

此步操作包括对菜单命令、监控器件、操作按钮进行功能组态；实现历史数据、实时数据、各种曲线、数据报表、报警信息输出等功能；建立工程安全机制，等等。

7）编写程序调试工程

利用调试程序产生的模拟数据，检查动画显示和控制流程是否正确。

8）连接设备驱动程序

选定与设备匹配的设备构件，连接设备通道，确定数据变量的数据处理方式，完成设备属性的设置。此步操作在设备窗口内进行。

9）进行工程综合测试

最后测试工程各部分的工作情况，完成整个工程的组态工作，实施工程交接。

六、MCGS 应用实例（开关控制）

开关控制是工业机器人应用系统集成中常用的一种控制形式。传统开关控制常用物理元器件实现，组态软件通过自身功能，可以在触摸屏上实现物理元器件的开关控制功能。

在 MCGS 中实现开关控制组态应用的具体步骤如下。

1. 第一步：建立新工程项目

工程名称："开关指示灯"；窗口名称："开关指示灯"，窗口内容注释："开关控制指示灯变换颜色"。

2. 第二步：制作图形画面

（1）添加 1 个指示灯元件。单击工具箱中的"插入元件"图标，弹出"对象元件库管理"对话框，选择指示灯库中的一个指示灯图形对象，单击"确定"按钮，画面中出现所选择的指示灯元件。

（2）添加 1 个开关元件。单击工具箱中的"插入元件"图标，弹出"对象元件库管理"对话框，选择开关库中的一个开关图形对象，单击"确定"按钮，画面中出现所选择的开关元件。

（3）用工具箱中的"直线"工具，通过画线将开关元件与指示灯元件连接起来。

（4）添加 1 个按钮构件。将按钮标题改为"关闭"。

完成后的图形画面如图 2-30 所示。

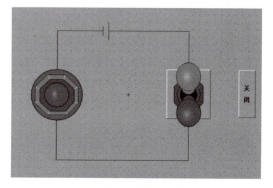

图 2-30　图形画面

3. 第三步：定义数据对象

在"工作台"窗口中切换至"实时数据库"选项卡，定义 2 个开关型对象。

（1）单击"新增对象"按钮，再双击新出现的对象，弹出"数据对象属性设置"对话框。在"基本属性"选项卡中将"对象名称"设为"开关"，"对象类型"选择"开关"，如图 2-31 所示。

定义完成后，单击"确认"按钮，在实时数据库中增加了 1 个开关型对象"开关"。

（2）单击"新增对象"按钮，再双击新出现的对象，弹出"数据对象属性设置"对话框。在"基本属性"选项卡中将"对象名称"设为"指示灯"，"对象类型"选择"开关"，如图 2-32 所示。定义完成后，单击"确认"按钮，则在实时数据库中增加 1 个开关型对象"指示灯"。

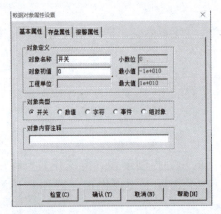 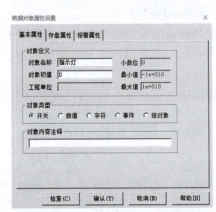

图 2-31　对象"开关"属性设置　　　图 2-32　对象"指示灯"属性设置

实时数据库如图 2-33 所示。

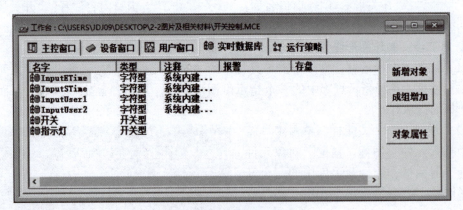

图 2-33　实时数据库

4. 第四步：建立动画连接

在工作台中双击"开关指示灯"窗口，进入"动画组态开关指示灯"画面。

1）建立指示灯元件的动画连接

双击画面中指示灯元件，弹出"单元属性设置"对话框。在"动画连接"选项卡中，选择"图元名"第一行"三维圆球"，连接类型为"可见度"，右侧出现"＞"按钮，如

图 2-34 所示。单击">"按钮进入"动画组态属性设置"对话框，在"可见度"选项卡中，"表达式"选择数据对象"指示灯"，"当表达式非零时"选择"对应图符可见"，图 2-35 所示。

图 2-34 指示灯元件单元属性设置

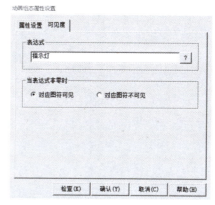

图 2-35 指示灯元件动画组态属性设置

选择"图元名"第二行"三维圆球"，按上述步骤设置其属性，"表达式"选择数据对象"指示灯"，"当表达式非零时"选择"对应图符不可见"。

单击"确认"按钮回到"单元属性设置"对话框，"连接表达式"处出现连接的对象"指示灯"，如图 2-36 所示。

图 2-36 指示灯元件的动画连接设置结果

单击"确认"按钮完成指示灯元件的动画连接。

2）建立开关元件的动画连接

双击画面中的开关元件，弹出"单元属性设置"对话框，在"动画连接"选项卡中，选择"图元名"第一行"组合图符"，"连接类型"为"按钮输入"，右侧出现">"按钮，如图 2-37 所示。单击">"按钮进入"动画组态属性设置"对话框。选择"按钮动作"选项卡,在"按动作"区域选择"数据对象值操作"选项,在右侧下拉列表中选择"取反"选项,再单击"?"按钮选择对象名"开关",在"可见度"选项卡中,"表达式连接"选择数据对象"开关"。

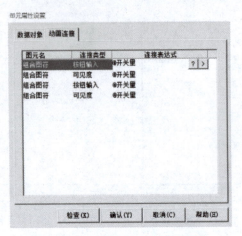

图 2-37　开关元件单元属性设置

同理,选择"图元名"第三行"组合图符","连接类型"为"按钮输入",按上述步骤设置其属性。

单击"确认"按钮完成开关元件的动画连接,如图 2-38 所示。

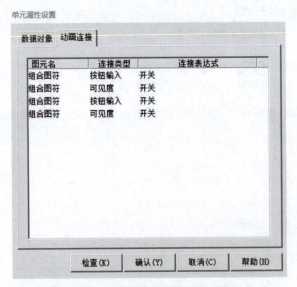

图 2-38　开关元件的动画连接设置结果

3)建立按钮构件的动画连接

双击"关闭"按钮构件,出现"标准按钮构件属性设置"对话框,在"操作属性"选项卡中,选择"关闭用户窗口"选项,在右侧下拉列表中选择"开关指示灯"选项。

单击"确认"按钮完成"关闭"按钮构件的动画连接。

5. 第五步：进行策略编程

在工作台中切换至"运行策略"选项卡。单击"新建策略"按钮，弹出"选择策略的类型"对话框，选择"事件策略"选项，如图2-39所示。单击"确定"按钮，"运行策略"选项卡中出现新建的"策略1"。

选中"策略1"，单击"策略属性"按钮，弹出"策略属性设置"对话框，将"策略名称"设为"开关控制"，将"关联数据对象"设为"开关"，"事件的内容"选择"数据对象的值有改变时，执行一次"，如图2-40所示。单击"确认"按钮完成策略属性设置。

图2-39 "选择策略的类型"对话框

图2-40 "策略属性设置"对话框

双击新建的策略"开关控制"，弹出"策略组态：开关控制"编辑窗口，策略工具箱自动加载。

单击MCGS组态环境窗口工具栏中的"新增策略行"按钮，在"策略组态：开关控制"编辑窗口中出现新增策略行。单击选中策略工具箱中的"脚本程序"，将鼠标指针移动到策略块图标上，单击添加脚本程序构件。

双击"脚本程序"策略块，进入"脚本程序"编辑窗口，在编辑区输入如下程序：

```
If 开关 =1 Then
    指示灯 =1
Else
    指示灯 =0
Endif
```

单击"确定"按钮，完成程序的输入。

关闭"策略组态：开关控制"编辑窗口，保存程序。返回工作台的"运行策略"选项卡。

6. 第六步：运行程序

保存工程，将"开关指示灯"窗口设为启动窗口，运行工程。

注意：可以在MCGS运行环境中运行工程，也可以连接实物运行工程。

任务实施

任务实施单如表2-5所示。

表 2-5　任务实施单

任务名称：基于 MCGS 的直流电动机组态控制界面设计		
班级：	学号：	姓名：
任务实施内容	任务实施心得	
具体任务要求： ①采用标准按钮对直流电动机启/停进行控制； ②采用动画按钮对直流电动机启/停进行控制； ③采用矩形方框自行设计按钮对直流电动机启/停进行控制； ④采用指示灯对直流电动机启/停进行显示，绿色代表启动状态，红色代表停止状态； ⑤完成 MCGS 组态设计，并完成控制界面设计及其调试； ⑥根据上述任务要求，完成配套硬件选型及硬件组态设计； ⑦完成硬件系统搭建及调试，实现直流电动机启/停控制与运行状态显示的 HMI 设计		

一、任务实施分析

本任务的具体实施目标是使用 MCGS 建立一个可以实现直流电动机启/停控制及运行状态显示的 HMI，具体任务实施分析如下。

（1）本任务涉及多种 HMI 常用按钮/开关的使用方法，须熟知每种按钮/开关的使用方法（必做内容）。

（2）本任务涉及 HMI 常用指示灯的使用方法，须熟知每种指示灯的使用方法（必做内容）。

（3）本任务涉及工程实践中常用按钮/开关和指示灯的联合使用方法，须熟知各单元属性设置方法，各单元之间的通信方法以及系统工作策略规划、调试等重点内容，并可以在 MCGS 自带的虚拟执行器上模拟直流电动机启/停控制及运行状态显示（必做内容）。

（4）本任务涉及的基本硬件组成可以是"PLC（或单片机控制系统）+直流电动机+直流电源+触摸屏+必要的辅助材料"，可以根据实际情况自行安排实物按钮/开关等其他非必要设备或元器件，以增强任务实施的工程真实感（必做内容）。

（5）以上述内容为基础，学生可以根据实际情况，自行扩展 HMI 的功能，如增加直流电动机调速、传感器检测等（选做内容）。

二、任务评价

（1）能在 MCGS 中进行按钮/开关和指示灯的常规使用操作。

（2）能合理、美观地进行 HMI 操作画面设计。

（3）能在 MCGS 自带的虚拟执行器上实现直流电动机启/停控制及运动状态显示。

（4）能使用触摸屏上的 HMI 对实物直流电动机实施启/停控制，并在触摸屏上实现直流电动机运动状态的显示。

（5）能在整个任务实施过程中遵守 6S 管理要求。

任务评价成绩构成如表 2-6 所示。

表 2-6　任务评价成绩构成

成绩类别	考核项目	赋分	得分
专业技术	MCGS 熟练应用	20	
	任务所需 HMI 画面实现	35	
	HMI 调试与运行	35	
职业素养	操作现场 6S 管理	10	

班级：_____　学号：_____　姓名：_____　成绩：_____

三、提交材料

提交表 2-5、表 2-6。

思考与练习

一、选择题

1. 变频器的节能运行方式只能用于（　　）控制方式。

A. U/f　　　　　　B. 矢量　　　　　　　　C. 直接转矩　　　　D. CVCF

2. 高压变频器是指工作电压在（　　）kV 以上的变频器。

A. 3　　　　　　　B. 5　　　　　　　　　C. 6　　　　　　　　D. 10

3. 对电动机从基本频率向上的变频调速属于（　　）调速。

A. 恒功率　　　　B. 恒转矩　　　　　　C. 恒磁通　　　　　　D. 恒转差率

4. （　　）不适用于变频调速系统。

A. 直流制动　　　B. 回馈制动　　　　　C. 反接制动　　　　　D. 能耗制动

5. 为了适应多台电动机的比例运行控制要求，变频器设置了（　　）功能。

A. 频率增益　　　B. 转矩补偿　　　　　C. 矢量控制　　　　　D. 回避频率

6. 为了提高电动机的转速控制精度，变频器具有（　　）功能。

A. 转矩补偿　　　B. 转差补偿　　　　　C. 频率增益　　　　　D. 段速控制

7. 变频器种类很多，按照滤波方式可分为电压型和（　　）型。

A. 电流　　　　　B. 电阻　　　　　　　C. 电感　　　　　　　D. 电容

8. 在 U/f 控制方式下，当输出频率比较低时，会出现输出转矩不足的情况，这要求变频器具有（　　）功能。

A. 频率偏置　　　　B. 转差补偿　　　　　C. 转矩补偿　　　　　D. 段速控制

9. 中小型变频器中普遍采用的电力电子器件是（　　）。

A. SCR　　　　　B. GTO　　　　　　C. MOSFET　　　　D. IGBT

10. 变频器的调压调频过程是通过控制（　　）进行的。

A. 载波　　　　　B. 调制波　　　　　C. 输入电压　　　　D. 输入电流

11. 变频器常用的转矩补偿方法有线性补偿、分段补偿和（　　）补偿。

A. 平方根　　　　B. 平方率　　　　　C. 立方根　　　　　D. 立方率

12. 交、直流伺服电动机和普通交、直流电动机的（　　）。

A. 工作原理及结构均相同　　　　　B. 工作原理相同，但结构不同

C. 工作原理不同，但结构相同　　　　D. 工作原理及结构均不同

13. 闭环伺服系统比开环伺服系统及半闭环伺服系统（　　）。

A. 稳定性好　　　B. 故障率低　　　　C. 精度低　　　　　D. 精度高

14. 闭环控制的数控机床，其反馈装置一般安装在（　　）上。

A. 电动机转轴　　B. 伺服放大器　　　C. 传动丝杠　　　　D. 机床工作台

15. 位置测量元件是位置控制闭环系统的重要组成部分，是保证数控机床（　　）的关键。

A. 机械结构的精度　　　　　　　　B. 检测元件的精度

C. 计算机的运算速度　　　　　　　D. 驱动装置的精度

16. 半闭环伺服系统的反馈装置一般装在（　　）上。

A. 导轨　　　　　B. 伺服电动机　　　C. 工作台　　　　　D. 刀架

17. 转矩控制通过（　　）来设定电动机转轴对外的输出转矩的大小。

A. 数字信号　　　B. 外部模拟量的输入　C. 控制命令　　　　D. 地址

18. 机电伺服系统的发展与伺服电动机的不同发展阶段具有紧密的联系，目前处于（　　）阶段。

A. 直流伺服电动机驱动　　　　　　B. 机电一体化

C. 步进电动机驱动　　　　　　　　D. 以上都对

19. 在开环伺服系统中，影响重复定位精度的有（　　）。

A. 丝杠副的接触变形　　　　　　　B. 丝杠副的热变形

C. 丝杠副的配合间隙　　　　　　　D. 以上都是

二、填空题

1. 频率控制功能是变频器的基本控制功能。控制变频器输出频率有以下几种方法：（　　　）、（　　　）、（　　　）和（　　　）。

2. 变频器具有多种不同的类型：按变换环节可分为（　　　）型和（　　　）型；按输出电压调节方式可分为（　　　）型和（　　　）型；按用途可分为（　　　）型和（　　　）型。

3. 为了适应多台电动机的比例运行控制要求，变频器具有（　　　）功能。

4. 电动机在不同的转速下、不同的工作场合中需要的转矩不同，为了适应这种控制要求，变频器具有（　　　）功能。

5. 有些设备需要转速分段运行，而且每段转速的上升、下降时间也不同，为了适应这种控制要求，变频器具有（　　　　　）功能和多种加、减速时间设置功能。

6. 根据不同的变频控制理论，变频器的控制方式主要有（　　　　　）、（　　　　　）、（　　　　　）和（　　　　　）4 种。

7. 变频器是通过的（　　　　　）通断作用将（　　　　　）变换成（　　　　　）的一种电能控制装置。

8. 矢量控制中的反馈信号有（　　　　　）和（　　　　　）。

9. 机电伺服系统根据控制原理，即有无检测反馈传感器及其检测部位，可分为（　　　　　）、（　　　　　）和（　　　　　）3 种。

10. 速度控制可以保证电动机的转速与速度指令要求一致，通常采用（　　　　　）控制方式。

11. 机电伺服系统主要由（　　　　　）、（　　　　　）、（　　　　　）、（　　　　　）和（　　　　　）5 个部分组成。

12. 在设计机电伺服系统时，应满足（　　　　　）、（　　　　　）、（　　　　　）、（　　　　　）和（　　　　　）等技术要求。

13. 随着控制理论的发展及智能控制的兴起和不断成熟，伺服控制技术朝着（　　　　　）、（　　　　　）、（　　　　　）、（　　　　　）、（　　　　　）、模块化和网络化等方向发展。

三、简答题

1. 变频器的分类方式有哪些？

2. 变频器常用的控制方式有哪些？

3. 一般的通用变频器包含哪几种电路？

4. 变频器保护电路的功能及分类有哪些？

5. 什么是机电伺服系统？其发展经历了哪些阶段？

6. 机电伺服系统根据电气信号可分为哪几类？其各有什么特点？

7. 高性能的机电伺服系统由哪些环节组成？其各有什么功能？

8. 机电伺服系统按照功能的不同可分为哪几类？其各有什么特点？

9. 伺服系统按照控制原理可分为哪几类？其各有什么特点？

10. 机电伺服系统的发展趋势是什么？

项目总结

　　运动控制技术是任何以运动形式实现具体功能的设备或机构的核心技术。本项目以机电伺服系统的运动控制为目标，以模块划分的形式，介绍了目前工业机器人应用系统集成中常见的变频控制技术和伺服控制技术，以及它们在具体设备上集成时常用的人机交互式应用方法。运动控制技术涉及的理论领域和实践应用领域非常广泛，受篇幅所限，本书只能针对工业机器人应用系统集成中常见的使用方式进行介绍，学生应更广泛、更深入地进行这方面的学习，尤其是与 PLC 通信控制相关，以及与典型传感器应用相关的方面，从而让整个知识体系更加系统化，这样才能在进行工业机器人应用系统集成实践时更好地应用运动控制技术实现设备的工艺功能。

项目导入

　　在工业机器人实际应用场景中，有时需要工业机器人直接搬运工件，实现工件空间位置的改变，而在有时则需要工业机器人搬运各种不同的工具，实现工具空间位置的改变，进而达到对工件进行操作、检验等目的。从本质上讲，工业机器人的应用都是考虑如何使用工业机器人的搬运能力，因此工业机器人应用系统集成就是利用工业机器人的搬运能力，以机器人工业为操作中心，配备其他相应的设备或装置，建立工业机器人工作站，而机械系统是工业机器人工作站的最基本的组成部分，无论是相对简单的工业机器人工作站，还是复杂的工业机器人生产线，都是以某种机械装置的形式体现出来的。从理论上讲，任何工业机器人工作站都应该可以简化成由工业机器人和几个常用机械设备或装置的组合，可以称之为"工业机器人工作站最小系统"，该最小系统可以达到工业机器人工作站所能达到的最低功能水平。工作中的码垛工业机器人工作站如图3-1所示。

图3-1　工作中的码垛工业机器人工作站

　　本项目从工业机器人工作站最小系统出发，按照配置顺序对工业机器人工作站最小系统的各组成部分逐一进行讲解，主要包括工业机器人选型、末端执行器设计和输送供料装置设计等任务，从而使学生掌握核心机械模块系统的选型、设计、搭建及功能分析等常用工业机器人应用系统集成技能。

学习目标

知识目标

（1）能列举工业机器人常用性能参数，并能描述各参数的现实意义。

（2）能说明工业机器人末端执行器的工作原理，并能识别其类型。

（3）能说明不同类型输送供料装置的工作原理，并能阐述其各自特点。

能力目标

（1）能将工业机器人的性能参数和实际需求结合，进行合理的工业机器人选型。

（2）能根据工业机器人的实际使用需求，进行末端执行器设计和选型。

（3）能根据工业机器人应用系统集成需求，进行常见输送供料装置设计和选型。

素质目标

（1）培养学生在应用专业知识时勇于攻坚克难的工匠精神。

（2）培养学生在开展项目任务时勇于创新的专业素质。

（3）培养学生在执行项目任务时应具有的现场管理素质。

项目实施

任务 1　工业机器人选型

🎵 任务解析

工业机器人是工业机器人工作站的核心部分，工业机器人应用系统集成就是围绕工业机器人进行外围设备的集成，最终实现以工业机器人为核心的、可以实现一定工艺流程的自动化生产设备。

工业机器人是一个非常复杂的机电一体化系统，工业机器人本体的设计和制造过程涉及多个学科的综合应用，专业化程度非常高，因此在进行工业机器人应用系统集成时基本不会设计新型的工业机器人。工业机器人由专业厂商制造，目前我国在工业机器人关键技术上接连取得实质性突破，使本土制造商后来居上，如今国内市场上已经呈现出国外、国内品牌共同竞争的局面。在进行工业机器人应用系统集成时，工业机器人选型是关系到工业机器人工作站能否实现设计目的的关键。

🎵 知识链接

中国空间站（又称为"天宫空间站"）是目前人类在太空中最先进的空间站，也即将成为唯一的一个正在使用的人类空间站。天宫空间站上装备有一个 7 自由度的大型机械臂（图 3-2），该机械臂具有全部知识产权，其全部核心部件均实现了国产化，它具有像人类的手臂一样伸展自如、灵巧活动的能力。天宫空间站的机械臂是空间建设的关键设备，它可以在天宫空间站外实现"爬行"，本身臂展已经达到 10.2 m 的机械臂的工作空间近乎遍布整个天宫空间站外围。它可实现负载 25 t，可以轻松抓取对接舱体，完成天宫空间站的建设和维护工作，同时可以进行小型卫星的"抛射"，降低卫星发射成本。此外，它还可以完成多种舱外操作任务，工作时即可以给航天员"打配合"，也可以自己担任"主力"。

类似天宫空间站机械臂的工业机器人在非标准自动化设备中的应用越来越多，也是工业机器应用系统集成的关键，这类工业机器人的品牌规格众多，选用一款合适的工业机器人对工业机器人应用系统集成的效果影响非常大。

图 3-2　天宫空间站机械臂

一、工业机器人认知

工业机器人指能在人的控制下工作，并能代替人工在生产线上工作的多关节机械臂或多自由度的机械装置。它可以搬运材料、零件或夹持工具，从而完成各种作业；它可以受人类指挥，也可以按照预先编制的程序运行。现代的工业机器人还可以根据人工智能技术制定的策略行动。

工业机器人由主体、驱动系统和控制系统三个基本部分组成。主体即机座和执行机构，包括臂部、腕部和手部，有的工业机器人还有行走机构。大多数工业机器人有 3~6 个自由度，其中腕部通常有 1~3 个自由度。驱动系统包括动力装置和传动机构，用于使执行机构产生相应的动作；控制系统按照输入的程序对驱动系统和执行机构发出指令信号，并进行控制。

工业机器人程序输入方式有离线编程输入型和示教编程输入型两类。离线编程输入型是将在计算机上已编写好的程序文件，通过 RS-232 串口或者以太网等通信方式传送到工业机器人控制柜。示教编程输入型是由操作者使用手动控制器（示教盒），将指令信号传给驱动系统，使执行机构按要求的动作顺序和运动轨迹操演。在示教过程中，工作程序的信息自动存入程序存储器，在工业机器人自动工作时，控制系统从程序存储器中检出相应信息，将指令信号传给驱动机构，使执行机构再现示教的各种动作。

工业机器人一般具有以下 4 个特征。

（1）拟人功能。工业机器人在机械结构上与人类相似的部分，例如手爪、手腕和手臂等，这些结构都通过计算机程序控制，能像人一样使用工具。

（2）可重复编程。工业机器人具有智力或具有感觉与识别能力，可根据其工作环境的变化进行再编程，以适应不同作业环境和动作的需要。

（3）通用性。一般工业机器人在执行不同的作业任务时具有较好的通用性，针对不同的作业任务可通过更换工业机器人手部（也称为末端执行器，例如手爪或工具等）来实现。

（4）专业综合性。工业机器人涉及的学科比较广泛，主要是机械学和微电子学的结合，即机电一体化技术。第三代智能工业机器人不仅具有获取外部环境信息的各种传感器，而且具有记忆能力、语言能力、图像识别能力等人工智能，这些与微电子技术和计算机技术的应用紧密相连。

待命中的工业机器人如图3-3所示。

图3-3　待命中的工业机器人

综上所述，将工业机器人应用于人类的工作和生活等各方面，将给人类带来许多方便，因此，可以看出工业机器人具有以下4个方面的优点。

（1）能够减少劳动力费用，减少材料浪费，降低生产成本。

（2）能够增加制造过程的柔性，控制和提高库存的周转效率。

（3）能够提高生产率，改进产品质量。

（4）能够减少危险和恶劣工作环境中的劳动岗位，保障生产安全。

二、工业机器人的主要性能指标

衡量工业机器人特性的基本参数和性能指标主要有工作空间、自由度、有效负载、运动精度、运动速度和动态特性等。

1. 工作空间

工作空间是指工业机器人臂杆的特定部位在一定条件下所能到达的空间位置的集合。工作空间的形状和大小反映了工业机器人工作能力的大小。理解工业机器人的工作空间时，要注意以下几点。

（1）通常工业机器人说明书中提到的工作空间指的是手腕上机械接口坐标系的原点在空间中能达到的范围，即手腕端部法兰的中心点在空间中所能到达的范围，而不是末端执行器端点在空间中所能达到的范围。因此，在设计和选用工业机器人时，要注意安装末端执行器后，工业机器人实际能达到的工作空间。

（2）工业机器人说明书中提供的工作空间往往小于运动学意义上的最大空间。这是因为在可达空间中，手臂位姿不同时有效负载、允许达到的最大速度和最大加速度都不一样，在臂杆最大位置允许的极限值通常要比其他位置的小一些。此外，在工业机器人的最大可达空间边界上可能存在自由度退化的问题，此时的位姿称为奇异位形，而且在奇异位

（项目三　机械模块系统集成技术应用）

形周围相当大的范围内都会出现自由度进化现象，这部分工作空间在工业机器人工作时都不能被利用。

（3）除了工作空间边缘，实际应用中的工业机器人还可能由于受到机械结构的限制，在工作空间内部也存在臂端不能达到的区域，这就是常说的空洞或空腔。空腔是指在工作空间内部臂端不能达到的完全封闭空间，而空洞是指沿转轴周围全长臂端都不能达到的空间。

IRB1600 工业机器人工作空间对比如图 3-4 所示。

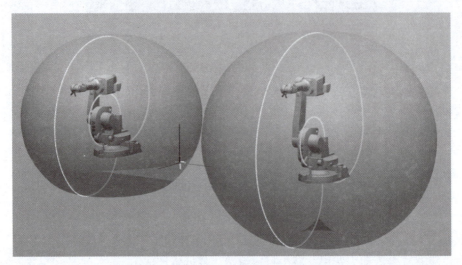

图 3-4　IRB1600 工业机器人工作空间对比
（左图到达距离为 1. 2 m，右图到达距离为 1. 45 m）

2. 自由度

自由度指工业机器人在空间中运动所需的变量数，是表示工业机器人动作灵活程度的参数，一般以沿轴线移动和绕轴线转动的独立运动的数目来表示。

自由物体在空间中有 6 个自由度（3 个转动自由度和 3 个移动自由度）。工业机器人往往是开式连杆系统，每个关节运动副只有 1 个自由度，因此通常工业机器人的自由度数目等于其关节数目。工业机器人的自由度越多，其功能就越强。目前工业机器人通常有 4~6 个自由度。当工业机器人的关节数（自由度）增加到对末端执行器的定向和定位不再起作用时，便出现了冗余自由度。冗余自由度的出现提高了工业机器人工作的灵活性，但也使控制变得更加复杂。

工业机器人在运动方式上可以分为直线运动（简记为 P）和旋转运动（简记为 R）两种，应用 P 和 R 可以表示自由度的特点，例如 RPRR 表示工业机器人有 4 个自由度，从基座开始到臂端，关节运动的方式依次为旋转→直线→旋转→旋转。此外，工业机器人的自由度还受到运动范围的限制。

3. 有效负载

有效负载是指工业机器人在工作时臂端可能搬运的物体质量或所能承受的力或力矩，用于表示工业机器人的负荷能力。

工业机器人在不同位姿时允许的最大可搬运质量是不同的，因此工业机器人的额定可搬运质量是指其手臂在工作空间中任意位姿时腕关节端部能搬运的最大质量。

4. 运动精度

工业机器人的运动精度主要涉及位姿精度、重复位姿精度、轨迹精度和重复轨迹精度等。

（1）位姿精度是指指令位姿和从同一方向接近该指令位姿时的实到位姿中心之间的偏差。

（2）重复位姿精度是指对同指令位姿从同一方向重复响应 n 次后实到位姿的不一致程度。

（3）轨迹精度是指工业机器人机械接口从同一方向 n 次跟随指令轨迹的接近程度。

（4）重复轨迹精度是指对给定轨迹在同方向跟随 n 次后实到轨迹之间的不一致程度。

5. 运动速度

速度和加速度是衡量工业机器人运动特性的主要指标。在工业机器人说明书中，通常提供主要自由度的最大稳定速度，但在实际应用中单纯考虑最大稳定速度是不够的，还应注意其最大允许加速度。

6. 动态特性

动态特性参数主要包括质量、惯性矩、刚度、阻尼系数、固有频率和振动模态。设计时应该尽量降低系统固有频率，减小质量和惯量。对于工业机器人的刚度，刚度小对于工业机器人的位姿精度和柔顺性的提高是有利的，但会导致系统动态不稳定；但对于某些作业（如装配操作），适当提高柔顺性是有利的，最理想的情况是工业机器人臂杆的刚度可调。增大系统的阻尼系数对于缩短振荡的衰减时间，提高系统的动态稳定性是有利的。提高系统的固有频率，避开工作频率范围，也有利于提高系统的稳定性。

三、工业机器人的选型

随着工业机器人的应用场景越来越丰富，如何选择一台满足需要的工业机器人是工业机器人应用系统集成中关键的第一步，直接关系到集成后的工业机器人工作站是否具有优异的工作能力。工业机器人的选型通常从以下几个方面考虑。

1. 根据工作所属的专业领域进行选择

不同的应用场景通常对应不同的专业领域，对于不同的专业领域，工业机器人类型的选择是不同的。对于工作空间比较紧凑的场景，可以考虑水平关节工业机器人，例如 3C 行业等。对于轻小物件的快速分拣应用，可以选择工作速度较高的并联工业机器人，例如食品行业、药品行业等。对于具有悬浮颗粒或粉尘的相对封闭空间，需要考虑工业机器人是否满足防爆要求，例如喷涂易燃的油性漆，需要工业机器人满足防爆要求，而对于没有防爆要求且不需要工业机器人带喷涂参数的场景，选择普通工业机器人即可，且成本低得多。在以改变工件空间位置为主的应用场景中，可以选择搬运（码垛）工业机器人，这类工业机器人带有非常丰富的搬运（码垛）程序，大大降低了编程难度，提高了搬运（码垛）效率。此外还有专门针对弧焊、点焊等专业化操作的工业机器人。不同品牌、不同类型的工业机器人，在研制时一般都会在应用场景方面有所考虑，结合应用类型与工业机器人的特性，可以更好地选择性价比高的工业机器人。

2. 根据工作范围的要求进行选择

应根据工艺操作需要达到的最大距离选择工业机器人。工业机器人的工作范围可以使用工作空间这项指标进行初步判定，一般不要太靠近工业机器人的极限工作位置进行工艺操作，以防在实际工程安装调试过程中与理论方案出现差距，导致报警，即要在工作空间中留有一定的冗余量。在实际使用过程中，工业机器人的工作范围太小会导致工业机器人行程不足，从而导致工业机器人不能很好地发挥工作性能。工业机器人行程不足时，也可以通过附加轴的方式增大工作范围。例如，一台工业机器人同时管理多台机床上下料时，往往通过将工业机器人安装在直线导轨上来增大工业机器人的运动范围。工业机器人制造商会给出工业机器人本体的工作空间，在考虑工业机器人的实际工作范围时，一定要将工业机器人所夹持的末端执行器尺寸也一并考虑，否则即使工业机器人本体的工作空间留有冗余，也很容易无法正常进行工艺操作。

3. 根据工作负载和工作负载惯量进行选择

工业机器人的工作负载不仅包括目标工件本身的重量，还包括工业机器人加装的末端执行器、外部载荷力、扭矩等，负载能力是工业机器人的重要特征参数。工业机器人说明书提供了负载特性曲线。只有工业机器人的实际负载总和在负载范围内，才能保证机器人在工作范围内达到各轴的最大额定转速，从而确保工业机器人在工作中不会出现过载报警。

工业机器人的工作负载惯量会影响其工作精度、加速度等特征指标。工作负载惯量是一个动态的性能指标，也是在实际应用中经常被忽略的一个指标。当出现过载现象时，工业机器人会出现加减速不正常、抖动等异常表现，或者直接出现伺服报警，导致工业机器人无法运作。一般工业机器人制造商会给出工业机器人允许的工作负载惯量。

4. 根据工作精度需求进行选择

工业机器人的工作精度包括定位精度和重复定位精度两种。定位精度相对容易选取，直接对标实际需要的精度即可（除了超精密的应用场合，一般应用场景的定位精度是很好满足的）。工业机器人用来代替人类进行工作的一大特点就是从事重复率极高的工作，因此重复定位精度的选取对于工业机器人能否实现工艺操作目标更为重要。重复定位精度是指工业机器人循环过程中到达统一示教位置的误差范围，一般在 0.5 mm 以内，工业机器人制造商会按标准的精度范围对工业机器人本体进行一系列标定与测试，合格后方能出厂。在普通的搬运行业，对工业机器人重复定位精度的要求一般不会很高，例如对货物进行码垛，一般不会对码垛的位置有很苛刻的要求；而 3C 行业的电路板作业往往对精度要求比较高，一般需要使用超高重复定位精度的工业机器人。

另外，还可以通过一些外部设备来修正工业机器人的轨迹以提高精度，例如，在使用工业机器人进行弧焊应用时，可以通过激光跟踪仪进行焊缝跟踪，以修正离线编程轨迹及工业机器人自身误差造成的实际轨迹与焊缝之间的误差；在使用工业机器人进行装配应用时，可以通过增加力传感器来修正工业机器人的工作路径及姿态。

5. 根据工作速度需求进行选择

工业机器人的工作效率主要体现在其运行速度上，一般工业机器人制造商会将工业机器人每个轴的最大速度标出。随着伺服控制技术、运动控制技术及通信技术的发展，工业机器人的允许运行速度在不断提高。在一般情况下，工业机器人在工作空间范围内均能达到最大运动速度。在实际应用中，不仅要对速度进行控制，对于某些行业还要考虑工作节拍（例如冲压行业），这时要注意规划工业机器人的速度以及轨迹。另外，在流水线上作业的工业机器人也是需要注意节拍的。通过工业机器人的离线编程可以最大可能地优化工业机器人的轨迹以及速度分配。

6. 根据工作所需自由度进行选择

通常工业机器人的轴数决定了工业机器人的自由度，一般自由度越多的工业机器人成本也越高，控制难度也越大，因此工业机器人自由度的选择要根据实际需求"量力而行"。对于简单地拾取、搬运工件的工作任务，3轴或4轴的工业机器人即可满足要求。对于流水线上的并联工业机器人、平行关节工业机器人，其效率高，安装空间小，在拾取工件没有相位要求时，可以选用3轴的，在有相位要求时，可以选用4轴的。如果工作空间比较狭小、工业机器人需要在内腔工作或工作轨迹是复杂的空间曲线、空间曲面，则可能需要6轴、7轴或者更多自由度的工业机器人。工业机器人的自由度在出厂时就是一个确定的指标参数。目前市场上应用最多的是6自由度工业机器人。如果需要增加工业机器人的自由度以满足提高效率或工作能力等需求，可以考虑在进行工业机器人应用系统集成时增配其他外部设备，例如变位机构等，组成7轴或8轴的工业机器人工作站。如果后期有工作拓展规划，则可以在工业机器人选型时保留一定的自由度冗余，例如实际需要4自由度的工业机器人，但可以选择6自由度的工业机器人，以适应后期应用拓展的需要。

7. 根据其他要求进行选择

除了遵循以上原则以外，更多的时候还需要综合考虑其他要求，主要是从使用环境对工业机器人的不利影响和安全使用工业机器人的角度考虑，例如工业机器人的防护等级、工业机器人带有刹车功能与否以及工业机器人本体的质量等。工业机器人的防护等级在某些应用场合中以及不同的地区标准下有其具体的规定和要求。例如，在粉尘比较大的环境中，就需要对工业机器人以及控制柜进行相应的防护处理，以免粉尘进入工业机器人，影响工业机器人的机械传动结构，或粉尘进入控制柜，影响控制柜的散热，导致过热故障，损坏电气元器件。又如，在潮湿或者有水汽的环境中，也需要考虑工业机器人的防护等级，一般工业机器人制造商会给出工业机器人的防护等级。其他需要考虑的情况还有热辐射干扰、电磁辐射干扰等。在某些情况下，工业机器人是否带有刹车功能也需要考虑，刹车功能不仅可以使工业机器人在工作区域中确保精确和可重复的位置，而且可以保护操作人员的安全，当发生意外断电时，不带刹车功能的负重工业机器人不会被锁死，会造成意外。

工业机器人
的选型

在进行工业机器人应用系统集成设计的过程中，工业机器人本体的重量也是一个重要的因素，因为工业机器人本体需要安装在专用的支承上（例如底座或导轨等），所以需要根据工业机器人本体的重量设计支承。

任务实施

任务实施单如表3-1所示。

表 3-1　任务实施单

任务名称：搬运工业机器人工作站的工业机器人选型		
班级：	学号：	姓名：
任务实施内容	任务实施心得	
（1）搬运工件参数： ①ϕ80 mm×15 mm； ②材质硬铝； ③搬运距离不小于 800 mm		
（2）搬运速度及搬运精度： ①搬运速度不低于 3 m/s； ②搬运精度高于 0.5 mm		
（3）自拟搬运场景，并制定搬运工艺流程		
（4）其他要求：需进行 3 个不同品牌的工业机器人选型（须包含国产品牌），并根据要求自制工业机器人选型对比表		

一、任务实施分析

本任务是为一个可以实现搬运功能的工业机器人工作站进行工业机器人选型，在任务执行过程中，要特别注意以下内容。

（1）作为工业机器人工作站的核心，工业机器人的选型关系到整个工业机器人工作站是否能够达到预期设计功能，因此不能简单对标任务实施单中的设计参数，避免"按图索骥"式的选型方式，一定要在全面掌握工业机器人工作站整个工艺流程的情况下综合考虑工业机器人的各参数。

（2）在进行工业机器人选型时要保证一定的冗余，但不能过度冗余，各参数的冗余度不应高于30%。考虑到市场上工业机器人品牌种类繁多，其参数组合可能无法准确对应本任务要求，因此本任务允许10%的参数过度冗余。

（3）工业机器人的选型范围以市场上常见的6自由度工业机器人为主，至少选择合适的3个品牌的工业机器人，其中国产品牌不少于2个。

（4）除了任务实施单、任务评价成绩构成须上交外，另外还须自行编制工业机器人选型对比表一并上交，表中应包括至少3个品牌的工业机器人参数对比表和各品牌优势、劣势对比。

二、任务评价

本任务需要完成工业机器人的选型，主要针对工业机器人搬运功能的实现，是一次应用性非常高的实践活动，需要对工业机器人各参数的现实意义十分了解。现就本任务的主要评价内容做如下要求。

（1）任务总要求：本任务应由个人完成，不能进行组内分工，即每个人均须完成全部任务内容，但可以进行组内讨论，且必须进行组内评价。

（2）作品上交：每个任务环节的内容均必须以源文件的形式上交，所上交作品必须符合国家或职业技能标准。

（3）其他要求：除了上述要求，还要注意操作现场6S管理情况是否良好，作品上交是否及时，任务所需材料、工具是否及时归还等内容。

任务评价成绩构成如表3-2所示。

表3-2　任务评价成绩构成

成绩类别	考核项目	赋分	得分
专业技术	工业机器人的主要特征和优点	20	
	工业机器人的主要性能指标	35	
	工业机器人的选型原则	35	
职业素养	操作现场6S管理	10	

班级：_____　学号：_____　姓名：_____　成绩：_____

三、提交材料

提交表3-1、表3-2。

任务 2　末端执行器设计

任务解析

　　末端执行器是工业机器人必备的外设装置，是工业机器人可以适应不同种类工作的第一保证。除了工业机器人的选型外，末端执行器设计也是工业机器人应用系统集成中必须考虑的问题，是工业机器人应用系统集成工作的重点。

　　本任务讲解了末端执行器的定义、分类等基础知识。同时，本任务详细阐述了末端执行器的设计原理，并通过任务实施，将上述知识应用于一个具体的机械夹钳式末端执行器设计过程中。

知识链接

一、末端执行器的定义

　　工业机器人是不能单独产生实际作用的，必须与其他设备集成后，组成工业机器人工作站或工业机器人生产线才能真正代替人类完成某项工作，而工业机器人制造商在生产制造工业机器人时，通常只会将标准化程度高的部位生产出来，因此工业机器人产品出厂时在结构上一般只制造到腕部，并没有给配置执行具体操作任务的手部，需要系统集成商或者工业机器人的使用者，根据实际工艺需求，进行在工业机器人应用系统集成，形成工业机器人末端执行器，从而真正让工业机器人发挥作用。

图 3-5　末端执行器

　　末端执行器是直接安装在工业机器人手腕上，用于夹持工件或直接夹持工具，按照规定的程序完成指定工作的机构（图 3-5）。

　　末端执行器具有以下特点。

　　（1）末端执行器和工业机器人手腕连接处可拆卸，从而保证一个工业机器人可以有多个末端执行器。

　　（2）末端执行器形态各异，可以有手指或无手指，可以是手爪或其他作业工具。

　　（3）末端执行器的通用性较低，一种末端执行器往往只能进行一种作业。

　　（4）末端执行器是一个独立的部件，也是工业机器人机械系统的重要组成部分。

二、末端执行器的分类

　　末端执行器在一些应用成熟的领域已经实现了一定程度的标准化、系列化，但是随着工业机器人的应用场景越来越丰富，在一些新兴的应用领域，尤其在一些通用性较低的非标准自动化生产设备中，末端执行器经常需要根据实际要完成的工作进行定制。末端执行器的分类如下。

1. 夹钳式末端执行器

夹钳式末端执行器通常也称为夹钳式取料手，是工业机器人较常用的一种末端执行器，在装配流水线上应用较为广泛（图3-6）。它一般由手指（手爪）驱动机构、传动机构、连接与支承元件组成，其工作原理类似常用的手钳。夹钳式末端执行器能用手爪的开闭动作实现对物体的夹持。

图 3-6　夹钳式末端执行器

2. 吸附式末端执行器

吸附式末端执行器靠吸附力取料，适用于大平面、易碎（玻璃、磁盘）微小的物体，因此应用广泛（图3-7）。根据吸附力的属性不同，吸附式末端执行器可分为气吸附式末端执行器和磁吸附式末端执行器两种。

（1）气吸附式末端执行器利用轻型塑胶或塑料制成的皮碗，通过抽空与物体接触平面密封型腔的空气而产生的负压真空吸力来抓取和搬运物体。

（2）磁吸附式末端执行器是利用磁铁或电磁铁通电后产生的磁力来吸附工件的，其应用比较广泛，不会破坏被吸件的表面。

图 3-7　吸附式末端执行器

3. 专用末端执行器

专用末端执行器实质上就是用来完成某种工艺操作的工具，这里的工具包括焊枪、涂料喷头［图3-8（a）］、磨头、抛光轮［图3-8（b）］和激光切割机等，可以直接集成为相对应的工业机器人工作站，如焊接工业机器人工作站、喷涂工业机器人工作站等。点焊末端执行器如图3-9所示。

（a）　　　　　　　　　　　　　　　　（b）

图3-8　涂料喷头和抛光轮

（a）涂料喷头；（b）抛光轮

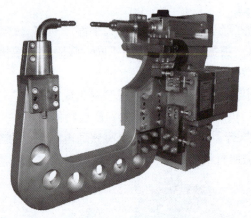

图3-9　点焊末端执行器

在一些大规模应用工业机器人的领域（如汽车制造业、3C行业），同一类型的末端执行器在一定程度上实现了标准化、系列化，末端执行器的通用性得到了很大的提高，用户可以通过产品目录直接查找并选用合适的末端执行器。

4. 仿生末端执行器

目前，大部分工业机器人的末端执行器只有两个手指，而且手指上一般没有关节，无法对复杂形状的物体实施夹持操作。仿生机器人末端执行器能像人手一样进行各种复杂的作业，如装配作业。仿生末端执行器有两种，一种叫作柔性手（图3-10），另一种叫作仿生多指灵巧手（图3-11）。

图 3-10　柔性手

图 3-11　仿生多指灵巧手

（1）柔性手。柔性手可以对不同形状的物体实施抓取，并使物体表面受力比较均匀，其每个手指由多个关节串接而成，手指传动部分由牵引钢丝绳及摩擦滚轮组成，一侧为紧握状态，另一侧为放松状态。

（2）仿生多指灵巧手。仿生多指灵巧手有多个手指，每个手指有 3 个回转关节，每个回转关节的自由度都是独立控制的，因此，它能模仿几乎所有人类手指能完成的各种复杂的动作，如拧螺钉、弹钢琴、作礼仪手势等动作。

结构的复杂性决定了仿生末端执行器要实现精准运动控制十分困难，因此仿生末端执行器的产业化应用案例还不是很多，尤其是仿生多指灵巧手几乎还处于实验室研究阶段，但是随着技术的飞速发展，仿生末端执行器的功能优越性会越来越明显。

5. 工具快换装置

工具快换装置，是一种用于快速更换末端执行器的装置，可以在数秒内快速更换不同的末端执行器，使工业机器人更具柔性、更高效。工具快换装置被广泛应用于自动化行业的各领域，既可实现单工位快换，也可实现多工位快换。

工具快换装置的系列化程度是由工业机器人手腕和末端执行器的接口决定的，通常标准化、系列化的末端执行器可以配套标准化的工具快换装置。

三、末端执行器的设计与选用

末端执行器的设计需要综合考虑物体特征、操作参数和末端执行器要素 3 个方面。物体特征是指目标夹持物体的特征，包括其质量、外形、重心位置、尺寸大小、尺寸公差、表面状态、材质等；操作参数是指末端执行器的操作空间环境、操作准确度、操作速度和加速度以及夹持时间；末端执行器要素包括末端执行器的结构形式、抓取方式、抓取力和驱动方式，这些要素是最终成型的末端执行器直接呈现的各种特征，也是末端执行器要实现的最终目标。

认识末端执行器

在末端执行器要素中，除了抓取力要素是最终综合表现要素外，其余要素均与物体特征和操作参数有直接关系，如图 3-12 所示。

结构形式的影响因素有质量、外形、重心位置、尺寸大小、表面状态、材质以及操作空间环境、操作准确度、操作速度和加速度；抓取方式的影响因素有质量、外形、尺寸公差、表面状态、材质和操作准确度。驱动方式一般是通过气动、液压、电动三种驱动方式产生驱动力，通过传动机构进行作业，其中多用气动、液压驱动。电动驱动一般采用直流伺服电动机、步进电动机，现在非标准设备设计中经常使用电缸等伺服电动机与传动机构模组化的驱动产品，大大减少了产品设计工作量。驱动方式的影响因素如表3-3、表3-4所示。

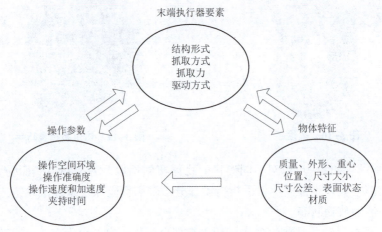

图3-12　末端执行器的设计需要考虑的方面

表3-3　驱动方式的影响因素（1）

影响因素		质量		重心位置		尺寸大小		表面状态	
		小	大	近	远	小	大	光整	一般
驱动方式	气动	√		√		√		√	
	液压		√	√	√	√	√	√	√
	电动		√		√		√	√	

表3-4　驱动方式的影响因素（2）

影响因素		材质		操作空间环境		操作速度、操作加速度		夹持时间	
		软	硬	好	差	小	大	长	短
驱动方式	气动	√		√		√			√
	液压		√	√	√		√	√	
	电动		√	√			√	√	

以上是末端执行器设计的基本方法，具体实施使时还需要根据实际工艺流程进一步细化，其中很多影响因素在进行末端执行器选用和功能分析时也可以参考使用。

末端执行器作为工业机器人实现既定工艺目标的重要保证，在工业机器人应用系统集成中是首先需要考虑的部分，需要对工艺目标进行详细的分析后才能确定末端执行器的类型和型号，或者设计制造新型末端执行器。

对于工业机器人应用已经非常成熟，且应用规模很大的行业，如汽车制造业、3C行业等，除非有特殊要求的新产品出现，一般情况下不需要设计新型末端执行器，只需要向工业机器人制造商直接采购合适的末端执行器即可。另外，对于焊接、喷涂、打磨等特定工艺操作，一般也不需要设计新型末端执行器，只需要选好专用工具（即专用末端执行器），做好专用工具与工业机器人手腕的接口即可。

对于工业机器人应用的新领域，其末端执行器的选用应该首先以系列化的成型产品为主，这样做可以最大限度地缩短研制周期、降低使用成本，而且成型产品的使用稳定性也是可以得到最大限度的保障的。如果成型产品确实无法满足工艺需求，就只能针对工艺目标重新研发末端执行器，该项工作通常交给经验丰富的工业机器人制造商来完成，当然有能力的使用者也可以根据需要自行设计研发。

任务实施

任务实施单如表 3-5 所示。

表 3-5　任务实施单

任务名称：机械夹钳式末端执行器的设计与功能分析		
班级：	学号：	姓名：
任务实施内容	任务实施心得	
（1）根据零件工程图进行三维建模		
（2）对零件实物进行测量后，进行二维工程图绘制，并进行三维建模		
（3）根据装配图，完成缺失零件的三维建模设计，并根据三维模型导出二维工程图		
（4）完成总装配，并对末端执行器的分类和使用功能进行分析		
（5）其他		

注意：零件工程图、零件实物、装配图、测量工具由指导教师提供，任务实施过程在实训室计算机或学生自备个人计算机上完成。

一、任务实施分析

本任务为机械夹钳式末端执行器的设计与功能分析，在任务实施过程中，主要注意以下问题。

（1）装配图和零件工程图需要指导教师在任务实施前提供，形式为二维工程图，按任务要求根据二维工程图所描述设计信息，进行三维建模。

（2）零件实物（或模型体）需要指导教师在任务实施前提供，按任务要求选择并使用恰当的测量工具对零件实物进行测量，并根据测量结果完成该零件的二维工程图绘制和三维建模；对于有形位公差的尺寸或者有特殊工艺要求的尺寸，要根据装配图及零件所处的位置，并结合手爪的功能进行合理给定，如有必要可以在二维工程图中的技术要求部分进行说明。

（3）对于缺失的零件，要根据装配图进行重新设计，并完成二维工程图绘制及三维建模，其余要求与内容（2）的要求相同。

（4）在三维设计环境中，完成装配的末端执行器可以通过自动运动设置，最终应进行末端执行器的动作仿真，完成其功能动作展示。

（5）在完成上述工作内容的前提下，配合动作仿真设计，进行末端执行器的功能分析，根据其实际运行能力，至少包括两个方面的内容：分析其所属的类别和可能应用的行业领域。

二、任务评价

本任务的主要评价内容如下。

（1）任务总要求：本任务由个人完成，不能进行组内分工，即每个人均须完成全部任务内容，但可以进行组内讨论，且必须进行组内评价。

（2）实施心得：该部分包括任务实施中的过程记录、遇到的问题及解决办法，或者灵感和想法，必须记录与本任务实施相关的内容。

（3）作品上交：每个任务环节所完成的内容均必须以源文件的形式上交，所上交作品必须符合国家或职业技能标准。

任务评价成绩构成如表3-6所示。

表3-6　任务评价成绩构成

成绩类别	考核项目	赋分	得分
专业技术	建模软件应用	20	
	仿真软件应用	35	
	制图规范标准	35	
职业素养	操作现场6S管理	10	

班级：＿＿＿＿＿＿　学号：＿＿＿＿＿＿　姓名：＿＿＿＿＿＿　成绩：＿＿＿＿＿＿

三、提交材料

提交表3-5、表3-6。

任务3 输送供料装置设计

任务解析

输送供料装置是工业机器人工作站的必备部分，它包括输送和供料两个不同的含义，其功能是为工业机器人实施具体工艺操作提供工件。输送装置的功能是将工件输送到固定位置，用于质量检测、不合格品剔除和产品码垛等工艺操作，而供料装置的功能是给输送装置供料，在实际应用中，输送和供料两个概念很多时候区分并不明显，经常可以看到一套装置同时实现输送和供料的情况。

本任务分别介绍了输送装置和供料装置，并通过任务实施，在工业机器人应用系统集成的具体需求下，对两种装置进行了融合集成，形象地反映出两种装置在工业机器人工作站中的应用特点。

知识链接

一、输送装置

输送装置的主要功能是将目标工件送往它应该到达的地方。输送装置是以改变工件的空间位置为主要作业的装置，能实现该功能设备或装置有很多，工业机器人本身也具有此类功能，本书中的输送装置仅针对工业机器人以外的其他具有工件输送功能的外部装置。

工件或物料的特性是选择输送方式重点考虑的因素。例如，粉状物料和已经完成装箱的粉状物料的输送方式就有很大的区别。直线带式输送是最常见的输送方式，带传动的优势决定了其实现结构简单，输送距离也可以达到很远，通常配置驱动电动机和位置传感器就可以实现比较精确的工件输送。旋转分度式输送也是十分常见的输送方式，这种输送方式在一些有精准节拍控制或者精准位置控制的应用场景中实现时相对直线带式输送更复杂，一般需要使用控制电动机来实现对输送节奏和位置的精准控制。

从功能目标来说，输送装置只要使工件达到最终的目的地即可，因此其具体实现方式可以灵活选择。目前自动化生产设备中最常见的输送方式就是用同步带传动实现的直线带式输送。同步带由一根内周表面设有等间距齿形的环行带及相应吻合的齿轮所组成，它综合了带传动、链传动和齿轮传动各自的优点，具体如下。

（1）传动准确，工作时无滑动，具有恒定的传动比。

（2）传动平稳，具有缓冲、减振能力，噪声小。

（3）传动效率高，可达98%，节能效果明显。

（4）维护保养方便，不需要润滑，维护费用低。

（5）传动比范围大，一般可达 10，线速度可达 50 m/s，功率传递范围较大，可达几瓦到几百千瓦。

（6）可实现长距离传动，两带轮中心距可达 10 m 以上。

（7）相对于 V 形带传送，预紧力较小，轴和轴承上所受载荷小。

同步带广泛用于纺织、机床、烟草、通信、轻工、化工、冶金、仪表仪器、食品、矿山、石油、汽车等各行业各种类型的机械传动中。

同步带通过配置控制电动机和相应的传感器可以很容易地实现对所传输工件位置和速度的机电伺服控制，因此同步带输送装置被大量使用在工业机器人应用系统集成中。同步带外观如图 3-13 所示。

图 3-13　同步带外观

二、供料装置

供料装置是一种很早就出现的机械装置，其设计初衷是减少人工在供料方面的参与，因此其本身具有很强的自动化属性。供料装置大致可以分为料斗和料仓两大类。所谓料斗，是将工件杂乱地（未定向状态）储存于贮料器后定向进行供料的装置；所谓料仓，是将整理好的工件（已定向状态）储存于贮料器后进行供料的装置。显然，自带工件整理功能的料斗的自动化程度更高，可以视其为一台可以实现完整功能的设备，而料则需要其他整理装置的介入，例如井式供料装置（图 3-14）等，料仓更多地以某种机械结构的形式出现。

对于料仓来说，由于工件的方向、姿势已经过整理（定向过程），因此它只单纯地将工件送出，通常还完成工件的分离（隔料）动作。然而，对于料斗来说，为了使杂乱的工件定向，需要以某种方法搅动工件，因此必须有实现搅动的原动力。如果将料仓定义为"被动元件"，则料斗就是"主动元件"。料斗的动力可以采用振动、机械传动、气动和液压传动等。按动力源及运动方向等进行分类，供料方式可以分为振动式供料、摆动式供料、上下往复式供料、回转式供料、循环式供料和流体式供料等。料斗在自动化程度高的工业机器人工作站中是十分常见的，而料仓则经常被设计成橱柜式、平台式或者阶梯式的工件摆放平台。

（a）

（b）

图 3-14　井式供料装置

（a）圆井；（b）方井

　　在实践应用中，为了实现高度自动化，输送装置和供料装置通常是同时出现的，需要两者"紧密合作"，因此两者的功能界线有时并不像它们的名称那样明显，例如没有工件整理功能的料仓完成供料后，工件在输送带上通过一些特别设计在输送装置上的机构也可以实现工件姿态的调整，而不必非得将工件提前整理好再放入供料装置，这样的搭配可能比直接使用具有工件整理功能的料斗更简单，成本更低，维护更方便。当然，输送装置和供料装置也可以单独使用，这类使用方式出现的原因，可能是工艺操作的特殊性使然，毕竟以目前的技术实现能力，并不是所有应用领域都适合完全自动化操作；也可能是单纯从降低成本的角度考虑，以牺牲一定自动化程度为代价换取成本的降低。

　　进行工业机器人应用系统集成时，输送供料装置已经成为工业机器人工作站中的供料模块，其实现形式也不仅局限于以上介绍的形式，例如可以使用分度式旋转供料台等。供料模块现在已经逐渐成为一种自动化生产流程中的重要部件，它能够实现对产品生产的快速精确供料，有效提高生产效率和质量，具有快速供料、准确定位、多类型供料和自动调节等优点。目前，供料模块已经成为自动化生产线上不可或缺的智能化配套设备，在汽车制造、3C、产品包装等行业均有很多成功的应用案例。

　　总之，输送供料装置的设计和选择需要根据实际需求灵活进行，没有公式化的通用原则，这也体现了工业机器人应用系统集成的技术应用特点，需要学生在掌握基本理论知识后，在实践应用时灵活对待。

任务实施

　　任务实施单如表 3-7 所示。

表 3-7　任务实施单

任务名称：输送供料一体化装置的设计		
班级：	学号：	姓名：
任务实施内容	任务实施心得	
（1）工件参数与功能要求： ①φ80 mm×15 mm； ②材质硬铝； ③输送距离不小于 1 m； ④工件运送启停位置必须有检测功能		
（2）采用同步带实现直线输送，根据标准模组手册进行选型设计，并完成三维建模（标准模组手册由教师提供）		
（3）采用井式供料装置，完成其结构设计，并完成三维建模		
（4）完成输送供料一体化装置三维总装，并选配合适的传感器进行工件启停位置检测		
（5）分析整个输送供料流程		
（6）其他		

　　注：除了同步带和井式供料装置，诸如电动机、传感器、推送气缸装置等配套元器件仅做选型设计，必须说明所选型号的主要参数和安装位置等信息，并设计好安装所需的接口结构。

一、任务实施分析

本任务为输送供料一体化装置的设计，在任务实施过程中，主要注意以下问题。

（1）必须仔细研读任务实施单，并针对任务实施单中的要求自查不足并补齐，如有疑问必须第一时间与指导教师沟通、解决。

（2）输送部分要求使用同步带进行直线输送，能力较强的学生可以加大难度，例如可包含曲线输送，或者采用同步带以外的其他方式进行输送，但直线输送部分的相关要求必须达到。

（3）同步带（或者其他方式）选型要准确，应列出使用的型号，对需要设计的任务部分，作图要规范标准，整体要合乎理论。

（4）供料部分要求使用井式供料装置，入井前工件状态达成方式可以不予考虑，能力较强的学生可以加大难度，自行选择其他形式的供料装置，但要达到其余任务要求。

（5）传感器仅完成选型设计即可，在三维总装图中仅需在安装位置简单体现即可。

（6）同步带动力来源在三维总装图中进行简单体现即可，不需进行具体选型。

（7）在完成上述任务内容的前提下，根据三维总装图，进行输送供料一体化装置的输送供料流程分析，即叙述其工作原理。

二、任务评价

本任务要求完成一个输送供料一体化装置的设计，并完成其功能分析。其中，输送部分的设计主要是针对标准模组的选型设计，供料部分的设计属于具有一定非标准设计特征的结构设计。为了实现工件位置检测，还需要进行传感器的选型。现就本任务的主要评价内容做如下要求。

（1）任务总要求：本任务由个人完成，不能进行组内分工，即每个人均须完成全部任务内容，但可以进行组内讨论，且必须进行组内评价。

（2）实施心得：该部分包括任务实施中的过程记录、遇到的问题及解决办法，或者灵感和想法，必须记录与本任务实施相关的内容。

（3）作品上交：每个任务环节所完成的内容均必须以源文件的形式上交，所上交作品必须符合国家或职业技能标准。

任务评价成绩构成如表3-8所示。

表3-8　任务评价成绩构成

成绩类别	考核项目	赋分	得分
专业技术	输送部分的设计	35	
	供料部分的设计	35	
	输送供料流程分析	20	
职业素养	操作现场6S管理	10	

班级：_____　学号：_____　姓名：_____　成绩：_____

三、提交材料

提交表 3-7、表 3-8。

思考与练习

一、选择题

1. 设计末端执行器时，会考虑末端执行器要素、操作参数和物体特征，下列不属于物体特征的是（　　）。

A. 尺寸大小　　　　　　　　　　B. 表面状态

C. 强度　　　　　　　　　　　　D. 抓取力

2. 末端执行器的操作参数包括（　　）。

A. 操作空间环境　　　　　　　　B. 操作准确度

C. 操作速度和加速度　　　　　　D. 物体特征

二、简答题

1. 末端执行器按用途分类有哪几种？

2. 简要说明末端执行器的设计方法。

3. 具备工件姿态整理功能的供料装置有哪些类型？（至少 3 种）

4. 末端执行器选用的基本流程是什么？（绘制流程图）

5. 进行工业机器人选型时需要考虑的因素有哪些？（至少举例说出 5 种）

三、分析题

信息检索与分析：汇总国内主要末端执行器集成设计制造厂商，并对各厂商产品的优势进行对比分析。

项目总结

本项目在工业机器人应用系统集成的机械系统模块的范围内，提出了工业机器人工作站最小系统的概念，从而以工业机器人工作站所具备的最基本功能为基础，实现了以工业机器人工作站基础工作能力为出发点的简化版机械系统模块配置（或集成）思路，即在工业机器人工作站最小系统中，只要对工业机器人、末端执行器和输送供料装置进行合理的配置，就能实现工业机器人工作站最基本的功能，让工业机器人应用系统集成的第一步变得更加清晰明朗。

当然，如果想让工业机器人工作站的自动化、智能化程度更高，获得更高的工作效率，还需要在工业机器人工作站最小系统的基础上进一步科学、合理地搭配其他配套元器件、装置或设备，这就需要学生深入地学习更多相关专业知识和技术技能。

项目导入

工业自动化的市场竞争压力日益加剧，如何在生产中获得更高的效率、更低的成本、更高的质量，是自动化设备使用者追求的目标。工业机器人工作站或生产线在设计之初就关乎用户的根本利益。工业机器人应用系统集成从理论方案设计到实物组装调试，再到实际投产应用，需要经过一个很长的周期，在这个过程中任何错误或者调整都有可能带来不可估量的损失。工业机器人仿真技术可以在设计阶段就对方案进行最大限度的模拟，能有效减少设计错误，避免实物投料后设计更改带来的成本损失。另外，工业机器人仿真技术使工业机器人工作站可以实现离线编程功能，不依赖实物设备，在新产品正式投产之前进行检测或试运行模拟，而不必停产占用设备进行编程，可以大幅缩短产品生产上市时间。

工业机器人仿真技术可以在实际工业机器人安装之前，通过可视化及可确认的解决方案和布局来降低风险，通过创建更加精确的路径来获得更高的部件质量。本项目以Robot-Studio仿真软件为基础，对以直线运动和旋转运动为功能实现基础的常见机械装置的工作原理进行详细阐述，并通过典型任务的实施，让学生掌握工业机器人应用系统集成典型运动模式的仿真设计，另外，通过工业机器人工作站整体布局仿真设计案例的引入，对典型工业机器人应用系统集成中的硬件仿真集成设计进行详细的讲解。

学习目标

知识目标

(1) 能描述工业机器人仿真技术的现实意义。

(2) 能阐述直线运动装置、旋转运动装置的仿真设计基本方法。

(3) 能描述工业机器人工作站常见布局类型及各自特点。

能力目标

(1) 能熟练使用仿真软件进行机械装置运动仿真。

(2) 能使用仿真软件进行工业机器人工作站布局设计。

(3) 能进行工业机器人应用系统集成配套设备或装置的结构建模。

素质目标

(1) 培养学生使用多种软件配合进行工业机器人应用系统集成仿真设计的能力。

(2) 培养学生将所学专业知识融合应用的能力。

(3) 培养学生应用工业机器人仿真技术进行工业机器人应用系统集成的专业素质。

项目实施

任务 1　　直线运动装置仿真

任务解析

　　直线运动是最简单运动的方式之一，一些较复杂的运动方式都可以简化成若干直线运动的集合，进而简化了运动系统的理论分析和实现方式。在自动化生产线上，直线运动也是最常见的一种运动实现方式。作为自动化生产线的智能化核心装备，工业机器人工作站中也存在大量的诸如物流输送、工件推送、执行器移动等直线运动形式。

　　本任务阐述了工业机器人应用系统集成时最常见的直线运动装置——直线模组的相关知识，并介绍了直线模组的选用原则、方法，以及三种典型直线运动装置的仿真实例，最后需要学生根据本任务的要求，完成工业机器人应用系统集成中典型直线运动装置的仿真。

知识链接

一、直线模组的类型

　　目前，直线模组是非标准自动化设备领域最为常见的直线运动装置。工业机器人工作站作为智能化非标准设备，经常使用直线模组满足各种直线运动工作需求。

　　按工作原理，直线模组可分为两大类：丝杠传动直线模组和同步带传动直线模组。

　　丝杠传动直线模组以滚珠丝杠为主要机械装置（图4-1）。滚珠丝杠由螺杆、螺母、钢球、预压片、反向器、防尘器组成，它的功能是将旋转运动转化成直线运动。通过联轴器将电动机（通常是伺服电动机或步进电动机）与滚珠丝杠连接起来，实现将电动机的旋转运动转化为滚珠丝杠的直线运动。

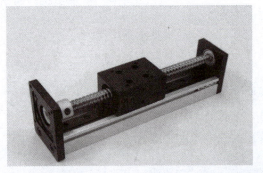

图 4-1　丝杠传动直线模组

　　同步带传动直线模组通过同步轮和同步带取代滚珠丝杠和螺母，电动机带动同步轮转动（必要时可以增配减速装置），使同步带做直线运动（图4-2）。相比于丝杆传动直线模组，同步带传动直线模组虽然牺牲了定位精度和推力，但实现了高速运行。

同步带传动直线模组在工件运输中运用得最多，经常以输送带的形式出现在工业机器人工作站中，大多需要搭配位置传感器进行位置检测，少量应用于对运动精度要求不高的功能部件中。丝杠传动直线模组，因为其高精度和较大的推力，应用场景比较丰富，既可以承载工件进行精准的定位输送，也可以直接搭载执行设备（例如机械手爪等）实施作业。

图4-2 同步带传动直线模组

丝杠传动直线模组还可以按导轨形式分为光轴导轨（图4-3）和线轨（图4-4）两种。

图4-3 光轴导轨

图4-4 线轨

光轴导轨安装方便，行走顺畅，速度高，寿命长，且耐脏能力极好，维修也极其方便，但精度略低，而线轨的性能与光轴导轨相反，但可以在高负载的情况下实现高精度的直线运动。

丝杠传动直线模组还可以按导轨的装配数量分为单轨［单光轴导轨和单线轨（图4-5）］和双轨［双光轴导轨（图4-6）和双线轨］，其中单轨的丝杆和导轨都承受偏载荷，因此其寿命较短，但价格低。

另外，还可以根据使用环境的防尘等级，将丝杠传动直线模组分为封闭式和开放式（图4-7）。其中，封闭式丝杠传动直线模组用于多尘环境中，价格较高，而开放式丝杠传动直线模组则多用于一般的少尘环境中，价格低。

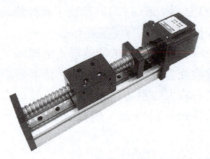 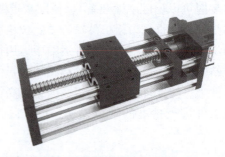

图 4-5　单线轨丝杠滑台　　　　　图 4-6　双光轴导轨丝杠滑台

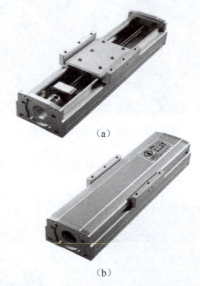

（a）

（b）

图 4-7　开放式与封闭式丝杠传动直线模组

（a）开放式；（b）封闭式

　　直线模组在自动化设备中大量应用，具有以下优势。

　　（1）有效降低产品的生产成本。直线模组自动化生产的速度通常比人工操作的速度高，而且可以非常容易地结合质量检测和验证，减少了不合格的零部件数量，在提高劳动效率的同时节约了电力能源和原材料，还提升了产品的质量和产量。

　　（2）提高流水线的生产效率。使用直线模组自动生产线，可以把人工从繁重的体力劳动、简单的工作中解放，同时提高了生产效率。

　　（3）在极端的环境中工作（如极端温度、放射性物质和有毒自然环境）是人类工作能力的短板或人力根本无法完成的，直线模组使这些超过人类工作能力的任务越来越容易且可行。

　　直线模组能够适应现代生产模式——小批量、多品种以及产品生命周期短和更新换代快的特点，对改变传统生产模式，提高产品质量和生产效率具有显著意义。

　　除了上述介绍的丝杠传动直线模组和同步带传动直线模组可以实现直线运动以外，齿轮齿条模组、气缸模组、电缸模组和直线电动机都可以实现直线运动，也是自动化设备中常见的直线模组形式。

二、直线模组的选用

在工业机器人应用系统集成实践中在什么情况下需要使用丝杠传动直线模组，在什么情况下需要使用同步带传动直线模组？对于这个问题，首先考虑以下 4 个方面的内容。

（1）精度。精度决定了可以控制直线模组移动的最小往返距离，根据实际需要合理选择精度是关键。

（2）行程。受到机械结构的制约，直线模组的行程是有限的。同步带传动直线模组的行程可以做到丝杠传动直线模组的行程的几倍，但是行程越长，误差就越大，因此不仅要综合考虑直线模组所处的空间等问题，还要考虑直线模组整体的尺寸在设备安装后的情况，再决定选择使用哪一种直线模组。

（3）负载。每种直线模组产品都有负载的规定，在不同使用方式下负载也有所不同，负载是一个关键技术指标，通常作为额定值选项在直线模组选型样本中有明确的表述。在实践应用中，具体负载的确定尽量考虑全面，不能只考虑工作对象的重量，如果需要使用多轴直线模组，那么还必须考虑直线模组和电动机的重量，同时给出一定的冗余值，作为直线模组的过载保护；

（4）使用环境。使用环境可以分为一般环境、洁净环境和恶劣环境，可以根据集成设备的实际使用环境，或者直线模组在设备工作时具体所处的环境来选用相应的直线模组类型。

以上是初选直线模组类型时首先需要考虑的因素，经过初选可以基本确定直线模组类型的大方向。在实际应用时，除了上述 4 个方面，还要综合考虑其他具体的工艺需求，才能最终确定合适型号的直线模组。

在使用丝杠传动直线模组时应注意如下事项。

（1）自动运行时的注意事项。需要在丝杠传动直线模组的可移动范围内设置安全护栏，在安全护栏入口处设置紧急开关装置，尽量不要从相关紧急开关装置以外的入口进出。

（2）注意夹手。在操作丝杠传动直线模组时，一定要注意手或其他物品不要进入其运动范围。

（3）使用环境。一般来说，丝杠传动直线模组没有防爆规格，因此不能在可燃气体、可燃粉末、引火液等环境中使用。

（4）防护块的安全事项。为了避免动力突然消失或变动产生危险，使用防护块进行有效的保护，需要对物体的大小、重量、温度、化学性质进行适当的安全监督和保护试验。

（5）垂直安装丝杠传动直线模组制动时的注意事项。在解除刹车前，应该使用挡台或其他物品挡住上、下轴，以免造成伤害。

（6）处理丝杠传动直线模组的损失和异常。如果丝杠传动直线模组出现异常情况或损失，一定要立即停止使用，并联系技术人员解决。

（7）电动机和减速器产生高温时的注意事项。电动机和减速器在运行过程中可能产生高温，在检查丝杠传动直线模组时，需要在接触前确认电动机和减速器停止旋转，温度下降。

在工业机器人应用系统集成中，直线模组已经具备一定的标准化程度，因此使用时按产品说明书进行选用即可，一般无须自行设计。目前，实现直线运动的方法很多，例如使用电缸、直线气缸、直线电动机或音圈电动机等都可以实现直线运动，在实践应用时要根据工业机器人应用系统集成的要求和特点灵活选择合适的方法。

三、直线运动装置的仿真创建

1. 直线滑台机械装置的仿真创建

直线滑台是工业机器人应用系统集成中常见的设备类型，如常用的输送带就属于这类设备。在 RobotStudio 软件中进行直线滑台机械装置的仿真创建的步骤如下。

认识直线模组

第一步：创建一个空工作站，并在其中创建滑台模型，规格为 2 000 mm×500 mm×100 mm（图 4-8）。

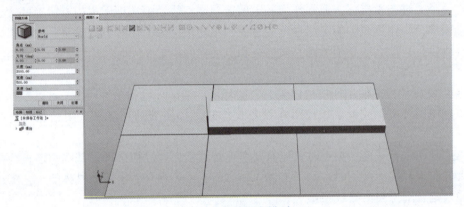

图 4-8　创建滑台模型

创建完成后将模型名称改为"滑台"，并将其颜色更改为比较醒目的颜色。

第二步：创建滑块模型，规格为 400 mm×400 mm×100 mm，角点位置设置为 $Y=50$，$Z=100$，即将滑块摆放在滑台一端的中间部位（图 4-9）。

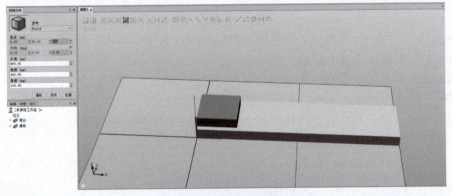

图 4-9　创建滑块模型

创建完成后将模型名称改为"滑块"，并将其颜色更改为比较醒目的颜色，以便与滑台区别。

第三步：创建直线滑台机械装置模型。

选择"建模"→"创建机械模型"命令，并将"机械装置模型名称"更改为"直线滑台"，"机械装置类型"选择"设备"（图4-10）。

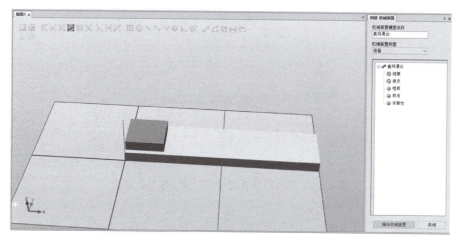

图4-10 创建直线滑台机械装置模型

第四步：分别创建滑台和滑块的链接。先创建滑台的链接（图4-11）。

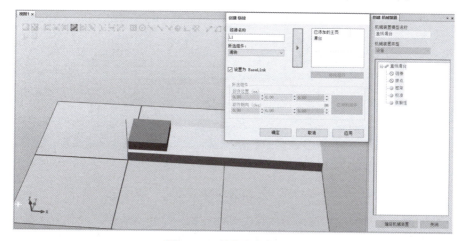

图4-11 创建滑台的链接

单击"应用"按钮后自动进入滑块的链接创建界面，其方法与创建滑台的链接相同。将滑台的链接命名为L1，将滑块的链接命名为L2，并添加进右侧图框中，注意在创建滑台的链接时一定要勾选"设置为BaseLink"复选框，在创建滑块的链接时不能勾选该复选框。每创建完成一个链接都要单击"应用"按钮进行确定，否则两个链接将被设置成一个链接。滑台和滑块的链接创建完成后的状态如图4-12所示。

第五步：进行机械装置接点设置。

双击"接点"进行机械装置接点设置，如图4-13所示。

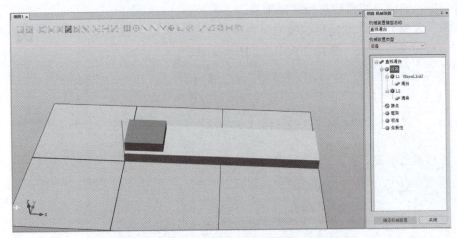

图 4-12　滑台和滑块的链接创建完成后的状态

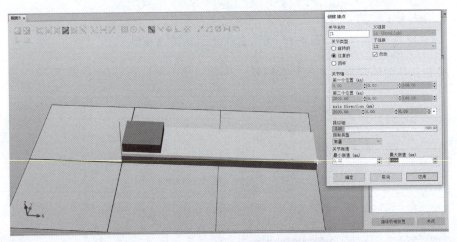

图 4-13　机械装置接点设置

选择"关节类型"为"往复的",分别设置关节轴第一个和第二个位置,此时可以使用捕捉工具辅助。第一个位置选择滑台长度方向左侧一个角点,第二个位置选择滑台长度方向右侧一个角点,两个角点必须在滑台的同一条长度边上,再将关节值的最小限值调至0 mm,最大限值调至 1 500 mm,单击"应用"按钮即可完成设置。

第六步:编译机械装置。

单击"编译机械装置"按钮,进入工作姿态设置界面(图 4-14)。

将关节值设为 1 500 mm,单击"确定"按钮,完成工作姿态设置。

工作姿态设置完成后,会有一个被复制出来的滑块移动到设置的位置,同时"姿态"框中也会多出一行刚刚完成设置的姿态 1 的信息,如图 4-15 所示。

单击"设置转换时间"按钮,进行同步位和姿态 1 的转换时间设置,分别设置成 5 s,单击"确定"按钮(图 4-16)。

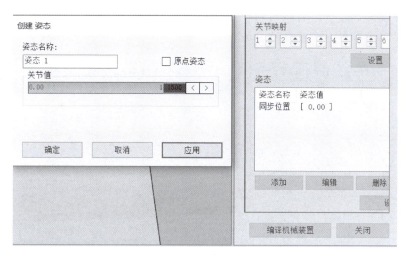

图 4-14　工作姿态设置界面

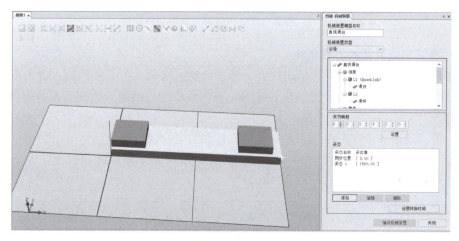

图 4-15　工作姿态设置完成后的状态

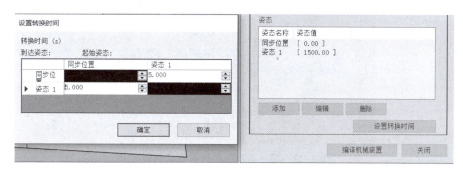

图 4-16　转换时间设置

　　此时已经完成了直线滑台机械装置的创建,可以使用"手动关节"功能,用鼠标拖动滑块在滑台上进行直线运动。可以将直线滑台机械装置保存为库文件,以便后续随时调用。

　　在左侧导航栏中，在"直线滑台"上单击鼠标右键，在弹出的快捷菜单中选择"保存为库文件"命令即可（图4-17）。

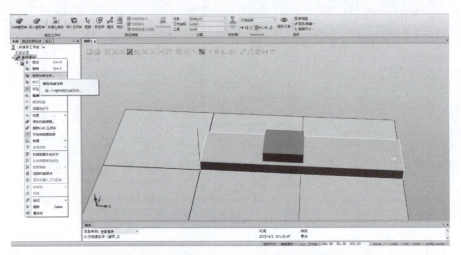

图4-17　将直线滑台机械装置保存为库文件

2. 活塞式机械装置的仿真创建

　　活塞式机械装置经常出现在推送气缸、伸缩运动机构中，在工业机器人应用系统集成中是一种十分典型直线运动装置。在RobotStudio软件中进行活塞式机械装置的仿真创建的步骤如下。

　　第一步：创建一个空工作站，并导入活塞杆和活塞套筒模型。

　　选择"基本"→"导入几何体"命令，并将活塞杆装配到活塞套筒上，要求活塞杆底面与活塞套筒内孔底面重合（图4-18）。

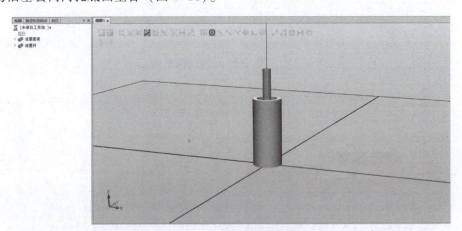

图4-18　导入活塞杆和活塞套筒模型

　　第二步：创建活塞式机械装置。

　　选择"建模"→"创建机械装置"命令，将"机械装置名称"更改为"简易活塞"，"机械装置类型"选择"设备"（图4-19）。

　　第三步：分别创建活塞杆和活塞套筒的链接。

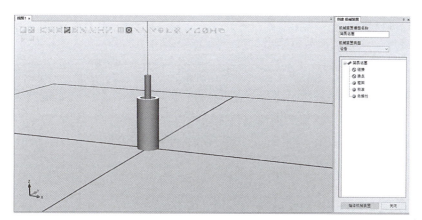

图4-19　创建活塞式机械装置

　　创建活塞杆和活塞套筒链接后，将活塞套筒的链接命名为L1，将活塞杆的链接命名为L2，并添加进右侧图框中，注意在创建活塞套筒的链接时一定要勾选"设置为BaseLink"复选框（图4-20），在创建活塞杆的链接时一定不能勾选该复选框。每创建完成一个链接后都要单击"应用"按钮进行确定，否则两个链接将被设置成一个链接。活塞杆和活塞套筒的链接创建完成后的状态如图4-21所示。

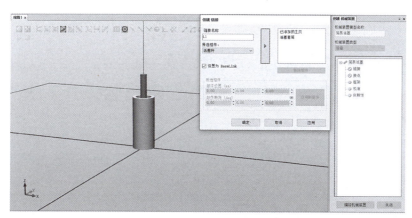

图4-20　创建活塞套筒的链接

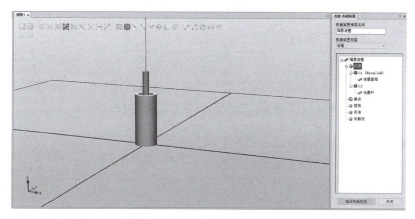

图4-21　活塞杆和活塞套筒的链接创建完成后的状态

第四步：进行机械装置接点设置。

双击"接点"进行机械装置接点设置，如图4-22所示。

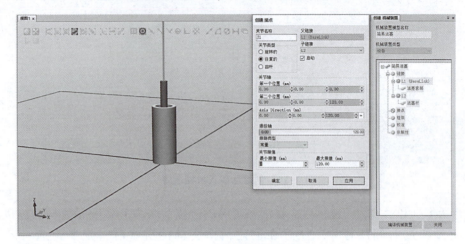

图4-22　机械装置接点设置

选择"关节类型"为"往复的"（活塞运动属于往复运动），分别设置关节轴第一个和第二个位置，第一个位置选择默认值，第二个位置设置为120 mm，再将关节值最小限值调至0 mm，最大限值调至120 mm，单击"应用"按钮即可完成设置。

第五步：编译机械装置。

单击"编译机械装置"按钮，进入姿态设置界面（图4-23）。

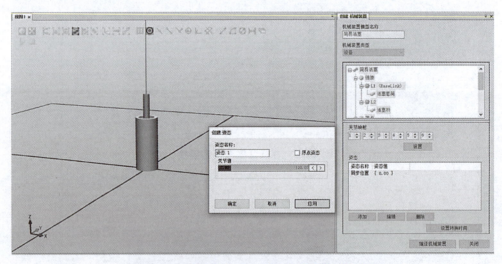

图4-23　设置活塞杆处于活塞套筒底部时的姿态

单击"添加"按钮，将关节值拖至最左端，单击"应用"按钮。

单击"添加"按钮，将关节值拖至最右端，单击"应用"按钮。

姿态设置完成后，活塞杆会移动到活塞套筒出口位置，如图4-24所示，同时"姿态"框中也会多出一行刚刚完成设置的姿态1的信息，如图4-25所示。

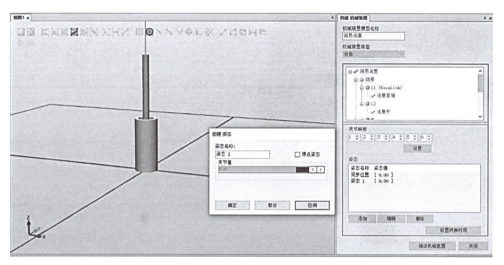

图 4-24　设置活塞杆处于活塞套筒出口时的姿态

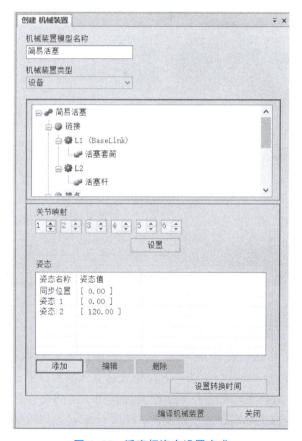

图 4-25　活塞杆姿态设置完成

　　单击"设置转换时间"按钮，进行姿态 1 到姿态 2 的转换时间设置，分别设置成 3 s，单击"确定"按钮（图 4-26）。

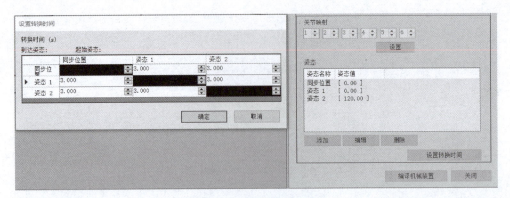

图4-26　设置转换时间

完成活塞式机械装置的创建后，可以使用"手动关节"功能，用鼠标拖动活塞杆在活塞套筒中进行往复运动。可以将其保存为库文件，以便后续随时调用，在不同的工业机器人工作站中也可以调用这个文件。

在左侧导航栏中，在"简易活塞"上单击鼠标右键，在弹出的快捷菜单中选择"保存为库文件"命令即可（图4-27）。

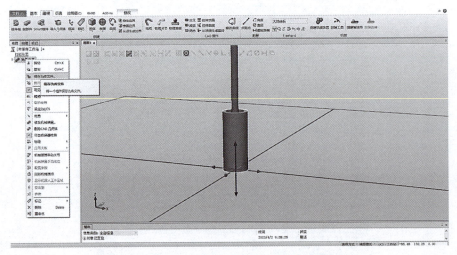

图4-27　将活塞式机械装置保存为库文件

3. 夹钳式末端执行器的仿真创建

装配工业机器人工作站所使用的末端执行器是夹钳式末端执行器（以下称为"夹爪"），其抓取动作需要电动机进行驱动，下面完成这类末端执行器的仿真创建，并将其创建成工具类机械装置，具体要求如下：其手指可以按照一定的行程进行往复移动，从而实现开合动作，并且工具的坐标系在两手指中间，为后续配置工具的事件管理器奠定基础。

第一步：建立夹爪模型。

装配工业机器人工作站中所使用的夹爪如图4-28所示。该夹爪主要由三部分组成：手掌、左手指和右手指。下面利用RobotStudio软件自带的建模功能创建夹爪模型

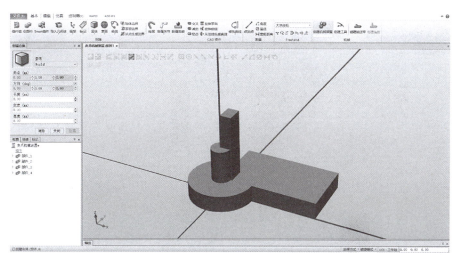

图 4-28　装配工业机器人工作站所使用的夹爪

（1）新建一个空工作站，选择"建模"→"固体"→"圆柱体"选项，创建直径为 40 mm、高为 10 mm 的圆柱体，单击"创建"按钮。继续创建直径为 12 mm、高为 30 mm 的圆柱体，单击"创建"按钮后单击"关闭"按钮。

（2）选择"建模"→"固体"→"矩形体"选项，设置长、宽、高分别为 60 mm、35 mm、10 mm，单击"创建"按钮，继续创建矩形体，设置长、宽、高分别为 7 mm、10 mm 和 50 mm，单击"创建"按钮后单击"关闭"按钮。

下面对所创建的 4 个部件进行装配组合。

（1）选中部件_2，单击鼠标右键，在弹出的快捷菜单中选择"位置"→"设定位置"命令，将 Z 值改为 10 mm，单击"应用"按钮后单击"关闭"按钮（图 4-29）。

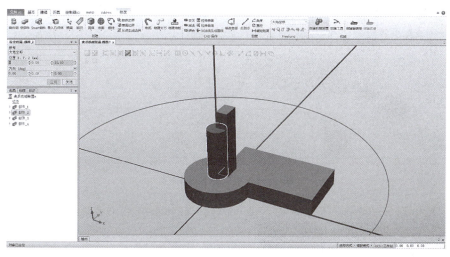

图 4-29　移动放置部件_2

（2）选中部件_3，单击鼠标右键，在弹出的快捷菜单中选择"位置"→"放置"→"一点法"命令，将捕捉方式设置为捕捉中心，"主点-从"选择矩形体底面的中心，"主点-到"选择圆柱体顶面中心,单击"应用"按钮后单击"关闭"按钮(图4-30)。

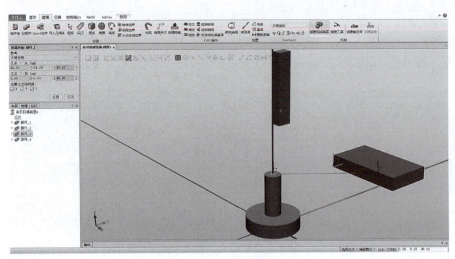

图4-30 移动放置部件_3

(3)选中部件_4,单击鼠标右键,在弹出的快捷菜单中选择"位置"→"放置"→"一点法"命令,将捕捉方式设置为捕捉中点,"主点-从"选部件_4矩形体左边的中点,"主点-到"选择部件_3矩形体左下棱线的中点,单击"应用"按钮后单击"关闭"按钮(图4-31)。这样,就创建了一根手指放置到手掌上的模型。

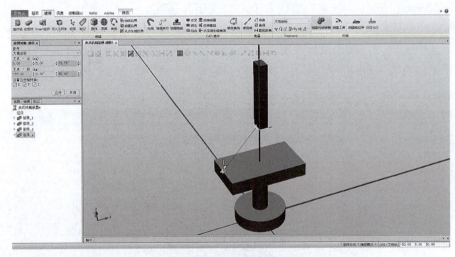

图4-31 移动放置部件_4

(4)选中左手指模型,单击鼠标右键,在弹出的快捷菜单中选择"映射"→"镜像YZ"命令,就得到了右手指模型(图4-32)。

(5)将以上部件进行合理的组合。选择"CAD操作"→"结合"选项,分别选中部件_1和部件_2,单击"创建"按钮,使第一个圆柱体和第二个圆柱体结合,形成基本结合体1(图4-33)。

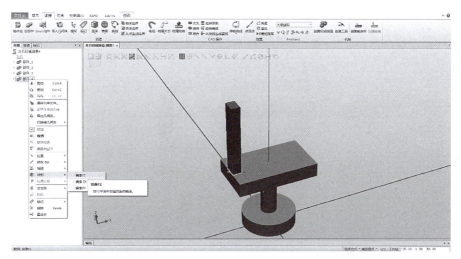

图 4-32 镜像复制左手指

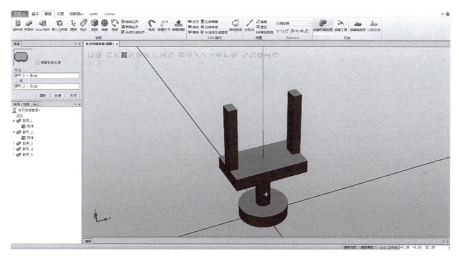

图 4-33 结合部件_1 与部件_2

（6）同上，将结合所得部件_6 与部件_3 进行结合，如图 4-34 所示，单击"创建"按钮后单击"关闭"按钮，这样，下面 3 个部件通过结合组合成了一个整体，即部件_7。选中部件_7，单击鼠标右键，重命名为"手掌"，再分别对左、右手指进行重命名。

至此，工业机器人夹爪模型创建完成。

第二步：创建夹爪机械装置。

在前述过程中创建了夹爪模型，并将夹爪分为手掌、左手指、右手指三部分。本步骤是在夹爪模型的基础上，利用创建机械装置的方法，将夹爪模型生成为能够在工业机器人末端使用的工具，该工具可以被保存为库文件，以便随时调用。要求如下：工具的 TCP 位于两个手指的中间位置，且两个手指能实现开、合动作，开、合的行程均为 5 mm，开、合的时间均为 3 s。下面按照要求开始创建夹爪机械装置。

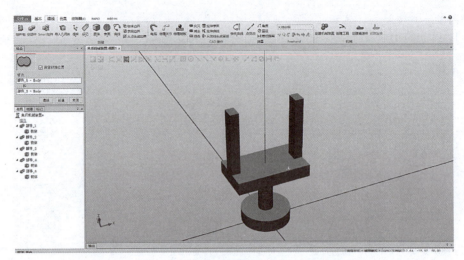

图 4-34 结合部件部件_6 与部件_3

（1）在"建模"功能选项卡中单击"创建机械装置"按钮，将"机械装置模型名称"设置为"JiaZhua"，"机械装置类型"选择"工具"，如图 4-35 所示。

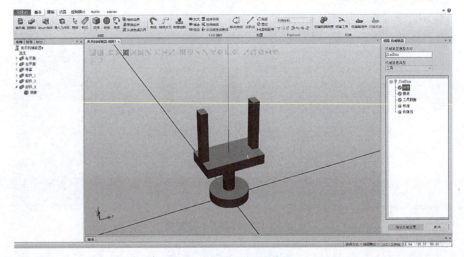

图 4-35 创建机械装置

（2）双击"链接"，创建第一个链接 L1，"所选组件"选择"手掌"，并勾选"设置为 BaseLink"复选框，单击添加部件的三角形按钮，再单击"应用"按钮，如图 4-36 所示。

（3）创建第二个链接 L2，"所选组件"选择"左手指"，单击添加部件的三角形按钮，如再单击"应用"按钮（图 4-37）；创建第三个链接 L3，"所选组件"选择"右手指"，单击添加部件的三角形按钮，单击"应用"按钮后单击"确定"按钮（图 4-38）。

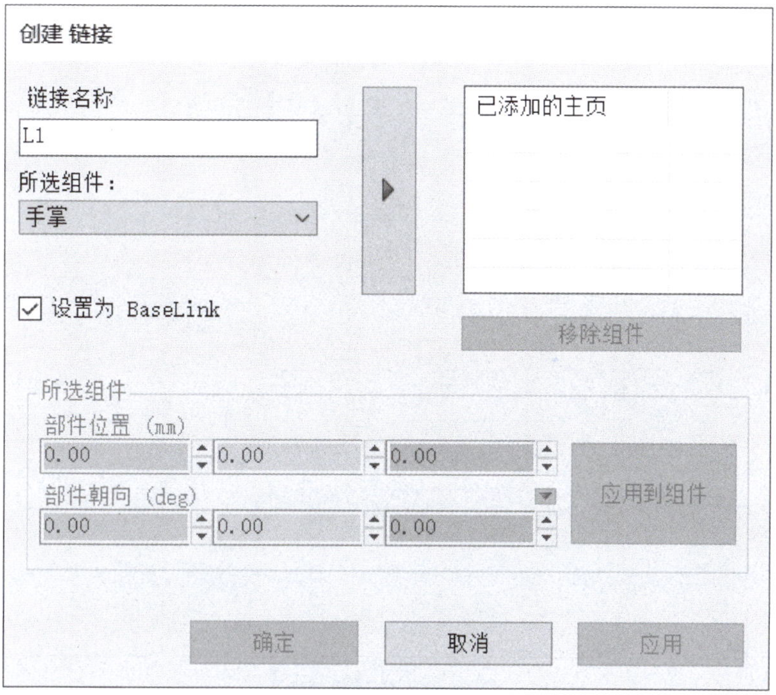

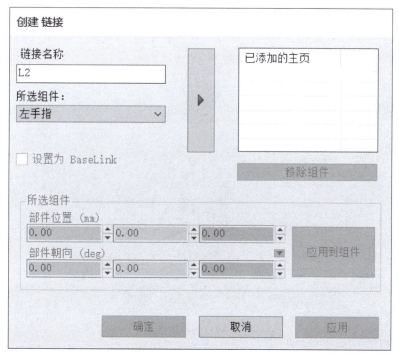

图 4-36　创建链接 L1

图 4-37　创建链接 L2

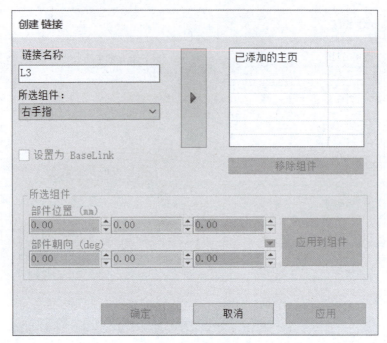

图 4-38　创建链接 L3

（4）双击"接点"，出现"创建接点"对话框。首先创建左手指和手掌的接点关节。"关节名称"为"J1"，"关节类型"选择"往复的"，"父链接"选择"L1（BaseLink）"，"子链接"选择"L2"；将捕捉方式设置为"捕捉末端"；选择关节轴第一个和第二个位置，设置关节值的最小限值为 0 mm，最大限值为 5 mm，单击"应用"按钮（图 4-39）。

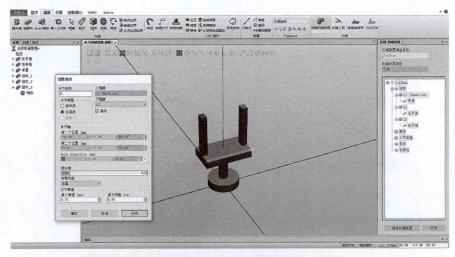

图 4-39　创建接点 J1

（5）创建右手指和手掌的接点关节。将"关节名称"改为"J2"，"关节类型"仍选择"往复的"，"父链接"选择"L1（BaseLink）"，"子链接"选择"L3"；将捕捉方式设置为"捕捉末端"；选择关节轴第一个和第二个位置，设置关节值的最小限值为 0 mm，最大限值为5 mm，单击"应用"按钮后单击"取消"按钮（图4-40）。

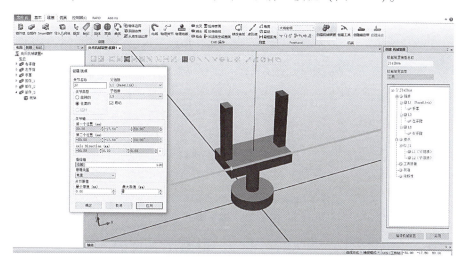

图4-40　创建接点J2

（6）双击"工具数据"，弹出"创建工具数据"对话框。　"工具数据名称"为"JiaZhua_tool"（工具名称不能用汉字），"属于链接"选择"L1（BaseLink）"，即手掌。"位置"指的是TCP的位置。这里TCP在两个手指的中间位置，经过计算，该位置只是相对于夹爪模型的本地坐标系沿着Z轴正方向偏移了一定的距离，方向并没有变化。经过测量，该距离是75 mm，因此在"位置"的Z轴文本框中输入"75"即可，其他数值和方向均为"0"。在"工具数据"区域将"重量"设置为"1"，在"重心"的Z轴文本框中输入"35"，如图4-41所示，单击"确定"按钮。

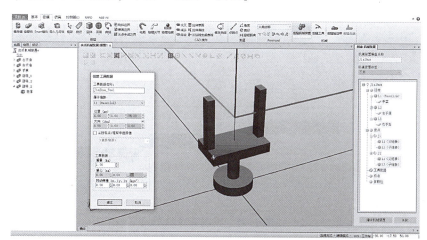

图4-41　创建工具数据

（7）单击"编译机械装置"按钮，如图4-42所示，单击"添加"按钮，出现"创建 姿态"对话框。输入姿态名称"张开"，上、下两个关节值均为0.00，如图4-43所示，单击"应用"按钮。然后，输入第二种姿态名称"闭合"，上、下两个关节值均为5.00，如图4-44所示，单击"应用"按钮后单击"取消"按钮。

图 4-42　添加姿态

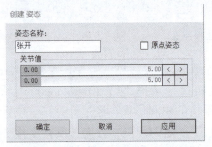

图 4-43　创建"张开"姿态

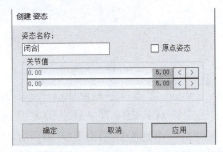

图 4-44　创建"闭合"姿态

（8）单击"设置转换时间"按钮，设置"张开""闭合"两种姿态之间的转换时间。在"设置转换时间"对话框中，将时间都设置为3 s，如图4-45所示，单击"确定"按钮，最后单击"创建机械装置"面板中的"关闭"按钮，这样就完成了夹爪机械装置的创建。

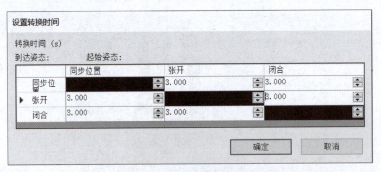

图 4-45　设置转换时间

（9）夹爪机械装置是否创建成功，可以在"Freehand"栏中使用"手动关节"功能进行验证：用选中两个手指并拖住，分别移动，可以看到左、右手指均能进行开合，行程是5 mm，则证明夹爪机械装置创建成功。

（10）将这个夹爪机械装置保存为库文件，以便后续进行装配工业机器人工作站布局时调用。在"布局"功能选项卡中，选中夹爪机械装置，单击鼠标右键，在弹出的快捷菜单中选择"保存为库文件"命令，指定保存的位置，"库文件名称"可设置为"JZ.rslib"，单击

"保存"按钮。这样，夹爪机械装置就保存在模型库中了。

调用库文件的界面如图4-46所示。

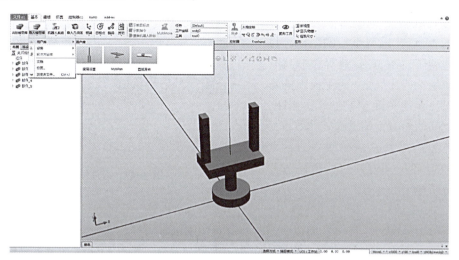

图4-46　调用库文件的界面

任务实施

任务实施单如表4-1所示。

表4-1　任务实施单

任务名称：刀片气缸的直线运动仿真设计		
班级：	学号：	姓名：
任务实施内容	任务实施心得	
具体任务要求： ①检索刀片气缸技术信息，了解刀片气缸的定义、工作原理和使用特点，并完成选定型号刀片气缸说明书的编写； ②用SolidWorks完成选定型号刀片气缸的结构建模（可主要以外观展示和后续仿真设计所需零件建模为主）； ③在RobotStudio软件中完成选定型号刀片气缸的直线运动仿真设计（要求直线运动仿真及工作行程与其说明书一致）； ④附加任务：在刀片气缸末端加装吸盘，并进行吸附工件的仿真设计		

一、任务实施分析

图 4-47   刀片气缸

作为气缸的一种常见形式，刀片气缸（图4-47）以其小巧的结构、灵活高速的动作，在3C行业等领域具有广泛的使用。刀片气缸+变距模组的形式，可以一次性实现多工位等位变距，在节省空间的同时大幅提高工作效率。

本任务需要完成一种型号刀片气缸的直线运动仿真设计，具体任务实施内容分析如下。

（1）本任务涉及一种刀片气缸，须了解刀片气缸的定义、工作原理和使用特点，并选定一种具体型号的刀片气缸，完成该刀片气缸说明书的编写。

（2）本任务使用SolidWorks软件完成选定型号刀片气缸的结构建模（可主要以外观展示和后续仿真设计所需零件建模为主）。

（3）本次任务使用已经建模的零件，在RobotStudio软件中完成选定型号刀片气缸的直线运动仿真设计（要求运动仿真及工作行程与其说明书一致）。

（4）拓展任务：在刀片气缸末端加装吸盘，并进行吸附工件的仿真设计。

二、任务评价

（1）能使用互联网等渠道进行产品信息的搜集、整理和分析。

（2）能完整、准确地编制选定型号刀片气缸说明书。

（3）能使用SoldiWorks软件完成选定刀片气缸的建模。

（4）能使用RobotStudio软件完成选定刀片气缸的模型导入、机械装置设置等仿真设计。

任务评价成绩构成如表4-2所示。

表 4-2   任务评价成绩构成

成绩类别	考核项目	赋分	得分
专业技术	专业信息检索、查询	20	
	实体建模设计	35	
	运动仿真设计	35	
职业素养	专业知识融合应用	10	

班级：_____ 学号：_____ 姓名：_____ 成绩：_____

三、提交材料

提交表4-1、表4-2。

任务 2　旋转运动装置仿真

任务解析

　　同直线运动一样，旋转运动也是较为简单的运动方式之一。从原理上讲，任何复杂的运动都可以简化成为若干直线运动和旋转运动的复合，这样就能极大简化运动系统的理论分析和实现方式。在自动化生产线中，旋转运动也是非常常见的运动方式，只需要使用旋转电动机驱动就可以实现，因此旋转运动是一种比较容易实现的运动方式。

　　常见的 6 自由度工业机器人本体各关节轴的运动就属于旋转运动，工业机器人工作站中存在大量诸如分度台等进行旋转运动的设备。本任务以分度装置和变位机为例，介绍旋转运动在工业机器人应用系统集成中的重要作用，最后需要学生完成变位机与工业机器人协同工作的虚拟仿真。

知识链接

一、分度装置

　　"分度"是一个计量领域的概念，即在规定条件下，确定计量器具的标尺所表示量值的刻线位置或确定计量仪器被测量与示值之间关系的一组操作。在机械制造行业中，"分度"常用来表述产品以某个轴为旋转中心、以某个起点为基准，进行一定规律的角度分布的某种结构（如孔、凸台等），这种结构反映在加工设备上就是设备的某种分度功能，例如具备数控分度加工功能的设备。不直接具备这样功能的机械加工设备也可以通过增配外部设备的方式进行分度。分度台就是具备这样功能的设备或装置，它可以是数控分度设备（如数控分度台），也可以是手工操作的机械式分度设备（如万能分度台），如图 4-48 所示。

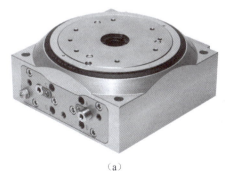

（a）　　　　　　　　　　　　　　　　　　　（b）

图 4-48　数控分度台和万能分度台

（a）数控分度台；（b）万能分度台

　　在自动化生产设备中，因某些具体工艺需求也经常对工具或工件的运动进行分度控制，因此分度装置经常出现在自动化生产设备中，也是工业机器人应用系统集成中的典型应用装置。作为一种以旋转运动为功能实现基础的装置，分度装置可以是工件的存放盘，也可以是工件的供料盘，在一些应用场景中还会把执行机构安装在分度装置上，达到对工件进行分度处理的目的，还可以同时将执行机构和工件都放在分度装置上，在分度控制的过程中完成对产品的工艺操作。当然，只有分度装置是不够的，通常还要给分度装置配备其他机构才能最大限度地发挥分度装置的功能。纯净水分度灌装机如图 4-49 所示。食用油分度灌装机如图 4-50 所示。

图 4-49　纯净水分度灌装机　　　　　图 4-50　食用油分度灌装机

二、变位机

从传统意义上讲，变位机是一种专用的焊接辅助设备，适用于回转工作的焊接变位，以得到理想的加工位置和焊接速度，可与操作机、焊接机配套使用，组成自动焊接中心，也可用于手工作业时的工件变位。工作台回转可以采用变频器无级调速，调速精度高，还可以用遥控盒实现对工作台的远程操作。工作台还可以与操作机、焊接机控制系统相连，实现联动操作。

在工业机器人应用系统集成中，变位机不仅在焊接时使用，还可以应用在机械加工、喷涂、打磨、装配等方面，因此变位机作为一种典型装置或者设备，在工业机器人应用系统集成中经常被选用。在进行工业机器人应用系统集成时，配置合理的变位机，可以最大限度地减少工业机器人工作空间死角，提高工作效率，降低编程难度等。目前变位机已经形成系列化的产品，当然也可以根据实际工艺需求自行设计制造。常用的变位机如图 4-51 所示。

图 4-51　常用的变位机

1. 变位机的分类及技术要求

1）变位机的分类

（1）按变位机的结构形式，变位机可以分为侧倾式变位机、头尾回转式变位机、头尾升降回转式变位机、头尾可倾斜式变位机以及双回转变位机等。

（2）可以根据不同类型工件的加工工艺要求，专门设计、制造特殊的变位机。

2）变位机的技术要求

（1）倾斜驱动应平稳，在最大负荷下不抖动，整机不倾覆。

（2）应设有限位装置，控制倾斜角度，并有角度指示标志。

（3）倾斜机构要具有自锁功能，在最大负荷下不滑动，安全可靠。

（4）在回转速度范围内，承受最大载荷时的转速波动应不超过5%。

（5）回转驱动应实现无级调速，并可逆转。

（6）控制部分应设有与其他设备进行控制通信的接口。

（7）工作台的结构应便于装卡工件或安装卡具，也可与用户协商确定其结构形式。

（8）满足其他与安全和使用相关的要求。

2. 变位机的作用

（1）通过改变工件与工具或工业机器人的相对操作位置，达到和保持最佳的操作位置。

（2）有利于实现机械化和自动化生产。多种形式的变位机通过工作台的升降、回转、翻转，使工件处于最佳焊接或装配位置，可与操作机如焊接机等其他设备配套组成自动化专用设备，还可作为工业机器人外围设备，与工业机器人配套使用以提高工作自动化程度。

3. 变位机的选用原则

对于常见的电力驱动式变位机，在选用时可以遵循以下原则。

（1）对变位机械的功能要求：明确变位机械应该能实现什么动作，如平移、升降或者回转等。对于平移，明确是直线平移还是曲线平移；对于回转，明确是连续回转还是间歇翻转等。

（2）对运动速度的要求：明确是快速还是慢速，是恒速还是变速，是有级变速还是无级变速。

（3）对传动平稳性和精度的要求：对于用于自动焊接的变位机，要求具有较高的传动精度，这时可以选择蜗杆传动和齿轮传动。

（4）对自锁、过载的保护，吸振等能力的要求：对于在升降时或翻转时使用的变位机，以及有倾覆危险的变位机，为了安全，其传动机构必须有自锁能力。变位机的传动方式及其相应的传动机构可能有多个，这时要对它们之间的传动功率、尺寸紧凑程度、传动效率和制造成本进行综合考虑后择优选定。

对于一些没有频繁变位要求，或者变位要求较为单一的应用场合，也可以将变位机设计为纯机械结构的变位机工装，这样成本更低。总之，在工业机器人应用系统集成中，要根据用户不同类型的工件及工艺要求，择优选配各种经济、适用的变位机。

变位机是一种在工业机器人应用系统集成中非常重要而且典型的配套设备，在实践中要灵活选用和使用变位机，它不仅可以用于工件的操作位置变位，也可以在物流供料环节发挥重要的作用。

变位机是一种升级版的分度装置，可以将变位机理解为两个及两个以上的分度装置共同产生作用的设备或装置（即多轴分度），或者是系统化的分度装置或设备。变位机无法解决所有问题，变位机的使用也受到其自身

认识变位机

参数和具体工艺要求的限制，在很多应用场合中，往往不能直接将工件装在变位机上，此时需要考虑加装其他工具配合变位机进行工作，这对没有经验的初学者来说是比较困难的，但又是必须克服的困难。

三、旋转运动机械装置的仿真创建

在 RobotStudio 软件中进行仿真设计时，具有旋转（分度）功能的转台是一种常见的应用类型，下面以一个四工位转台为例，介绍如何在 RobotStudio 软件中进行旋转运动机械装置的仿真创建。

第一步：在一个空工作站中创建工件和转台模型（图 4-52）。

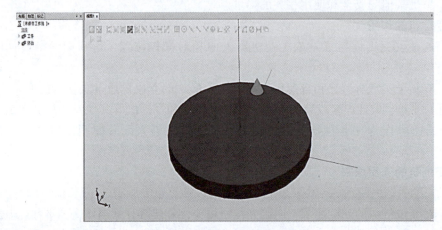

图 4-52　创建工件和转台模型

可以使用 RobotStudio 软件自带的建模功能，如果模型较复杂，也可以使用其他专用设计软件建模，并存储为 RobotStudio 软件可以打开的格式。使用"导入几何体"命令进行模型导入，导入模型后将名称分别更改为"工件"和"转台"。

第二步：创建四工位转台机械装置（图 4-53）。

选择"建模"→"创建机械模型"命令，并将"机械装置模型名称"更改为"四工位转台"，"机械装置类型"选择"设备"。

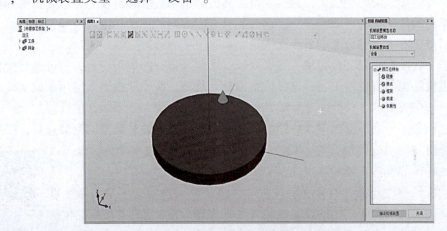

图 4-53　创建四工位转台机械装置

注意模型在仿真环境中的状态应该是所要展示的转台的工作状态。

第三步：分别创建转台和工件的链接。

首先创建转台的链接，如图 4-54 所示。

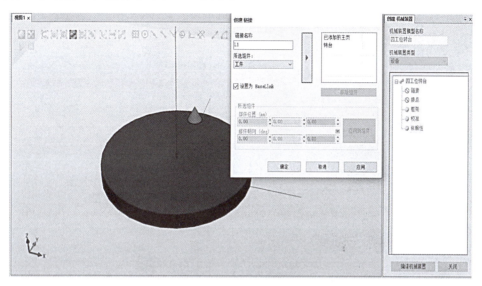

图 4-54　创建转台链接

单击"应用"按钮后自动进入创建工件的链接界面，其方法与创建转台的链接相同。将转台的链接命名为 L1，将工件的链接命名为 L2，并添加到右侧图框中，注意在创建转台的链接时一定要勾选"设置为 BaseLink"复选框，在创建工件的链接时一定不能勾选该复选框。每创建完成一个链接都要单击"应用"按钮进行确定，否则两个链接将被设置成一个链接。转台和工件的链接创建完成后的状态如图 4-55 所示。

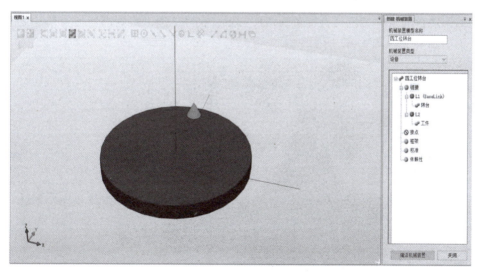

图 4-55　转台和工件的链接创建完成后的状态

此时，如果需要修改设置信息，可以用鼠标右键单击待修改项目齿轮图标上（如L1或L2左侧小齿轮），选择"编辑链接"命令进行重新设置，也可以直接删除链接，然后重新创建。

第四步：进行机械装置接点设置。

双击"接点"进行机械装置接点设置，如图4-56所示。

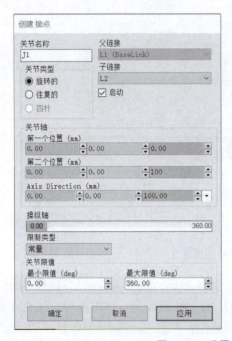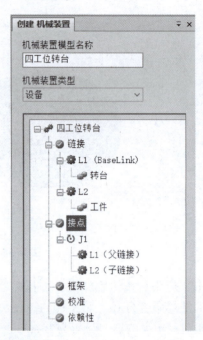

图4-56　设置机械装置接点

第五步：进行四工位转台的各工位姿态信息设置。

四工位转台的每个工位具有特定的角度位置，在0°~360°范围内均匀分布各工位姿态信息设置如图4-57~图4-62所示。

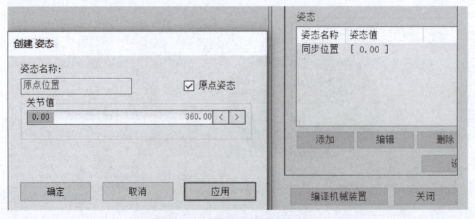

图4-57　原点位置信息设置

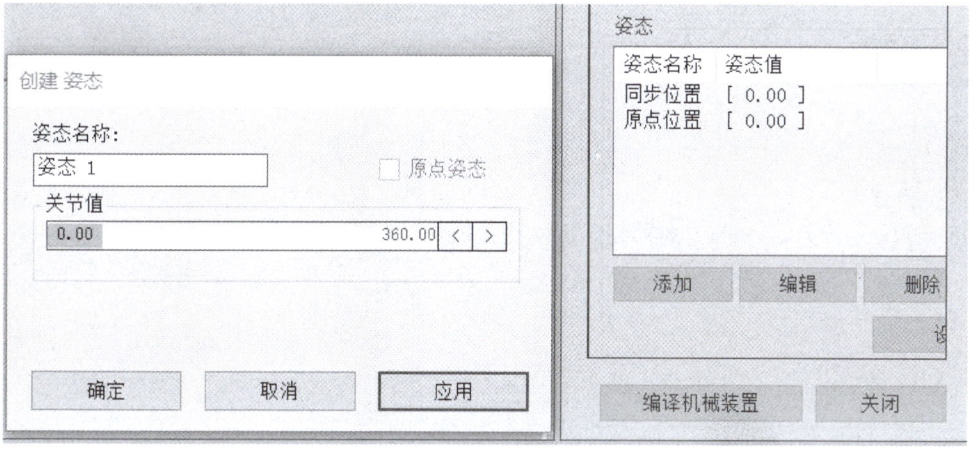

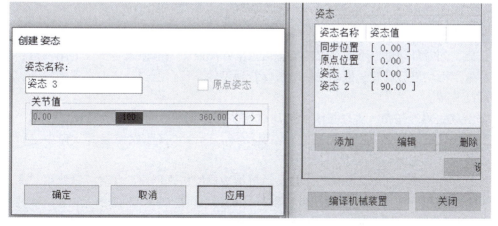

图 4-58 姿态 1 位置信息设置

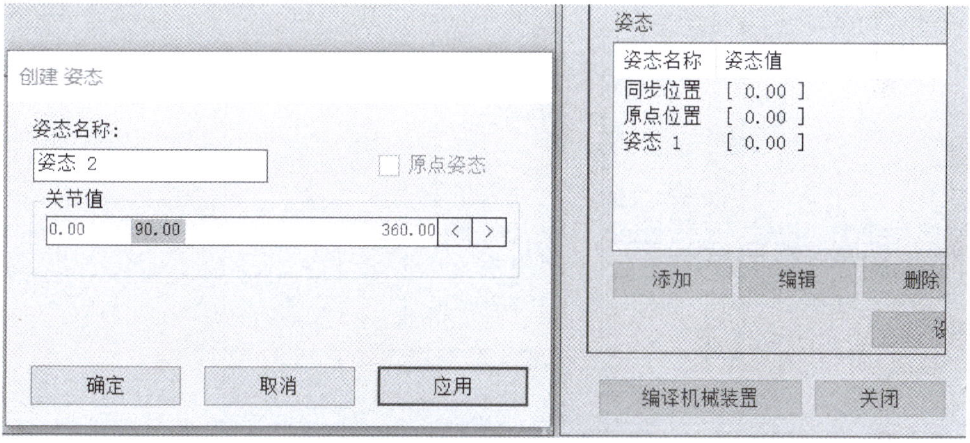

图 4-59 姿态 2 位置信息设置

图 4-60 姿态 3 位置信息设置

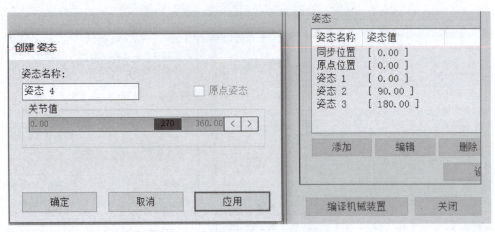

图 4-61　姿态 4 位置信息设置

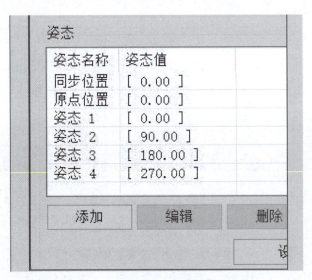

图 4-62　工位姿态位置信息设置完成

　　每次设置完成后单击"应用"按钮，在"姿态栏"中就会出现设置完成的工位姿态位置信息，同时自动进入下一个工位姿态信息设置界面。关节值是各工位的角度值，可以用鼠标拖动滑块进行设置，拖动滑块时可以看到工件在转台上围绕之前设置的转轴进行相应角度的旋转。

　　单击"关闭"按钮，可以关闭"创建机械装置"面板，如需修改可以在左侧导航栏中找到创建的机械装置，用鼠标右键单击其图标，选择"修改机械装置"命令进行相关修改。

　　至此，便完成了一个简易的四工位转台机械装置的仿真创建。此时可以使用"手动关节"功能，用鼠标拖动工件围绕转台转轴进行旋转运动。如果要创建一个常用的转台系统，可以将创建好的机械装置存储成库文件，在需要时随时调用。当然，如果要使这样的转台机械装置在某个工业机器人工作站中发挥作用，还需要进行其他应用设置，如 Smart 组件设置、I/O 控制信号设置等。

任务实施

任务实施单如表4-3所示。

表4-3 任务实施单

任务名称：法兰焊接件的变位机运动仿真		
班级：	学号：	姓名：
任务实施内容	任务实施心得	
具体任务要求： ①进行焊接件三维建模，并导入RobotStudio软件仿真环境； ②在RobotStudio软件中，根据焊接件的形状特点选择变位机（也可以增配其他工具或自行设计变位机）； ③设计详细的工件与变位机的装配方案，并将焊接件合理地安装在变位机上； ④设计变位机的运动仿真方案，必须满足焊接工艺要求		

一、任务实施分析

本任务需要在RobotStudio软件中使用变位机完成法兰焊接件（图4-63）的装配及两端焊缝的焊接过程运动模拟，具体任务实施内容分析如下。

（1）按照图4-63，使用SolidWorks软件完成实体建模。

（2）根据图示焊接件尺寸以及焊缝的结构特点在RobotStudio软件中选择合适的变位机，并制定符合焊接工艺要求的详细的装配方案。

（3）将焊接件模型实体导入 RobotStudio 软件仿真环境，并安装在变位机上。

（4）按焊接件两端焊缝的焊接工序需求，完成变位机的运动仿真设置。

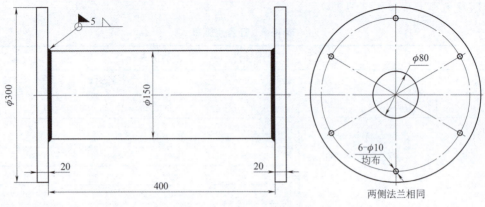

图 4-63　法兰焊接件结构

二、任务评价

（1）能正确识图，并正确使用三维设计软件进行实体建模。

（2）能正确判断合适的变位机类型、参数，如果 RobotStudio 软件库中没有合适的变位机，能增配其他工具配合焊接件在变位机上进行装配，或能自行设计变位机，并在 RobotStudio 软件中进行机械装置的创建，且能生成可以随时直接调用的变位机库文件。

（3）能在 Robot 软件中正确导入焊接件实体模型，并能将其正确地安装在变位机上。

（4）能使用 Robot 软件完成可进行焊接件两端焊缝焊接的变位机的运动仿真设置。

任务评价成绩构成如表 4-4 所示。

表 4-4　任务评价成绩构成

成绩类别	考核项目	赋分	得分
专业技术	实体建模设计	20	
	焊接工作流程分析	30	
	变位机选型及运动仿真设计	40	
职业素养	专业知识融合应用	10	

班级：_____　学号：_____　姓名：_____　成绩：_____

三、提交材料

提交表 4-3、表 4-4。

任务3 工业机器人工作站布局

任务解析

工业机器人应用系统集成仿真设计的基本技术路线如下：利用仿真软件（如 RobotStudio）自带的建模功能模块或者三维建模软件（如 SolidWorks 等）创建码垛工作站的部件三维模型，导入仿真软件的模型库，再通过仿真软件的仿真功能及 Smart 组件功能，搭建可通过编程运作的三维生产线平台，形成完整的工业机器人工作站或者工业机器人生产线，最后通过仿真软件对工业机器人作业进行 RAPID 离线编程、信号设置，对工业机器人工作站进行逻辑设置、调试优化等，动态地展示工业机器人工作站作业过程。

在上述技术路线中，工业机器人工作站布局是其中一个非常重要的技术环节，工业机器人布局是工业机器人应用系统集成方案的最终实物呈现，但它绝对不是工业机器人工作站各种组成设备或装置的简单布置。布局的最终目的是最大限度地发挥工业机器人工作站或工业机器人生产线的工作效能。本任务从工业机器人工作站布局的类型与基本步骤出发，介绍了典型工业机器人工作站布局方法和工业机器人工作站布局的意义。

知识链接

一、工业机器人工作站布局的类型与基本步骤

工业机器人工作站布局还没有统一的标准或者规定，目前在进行工业机器人工作站布局时主要从工作场地情况、工业机器人工作站组成、工作效率、安全操作等常规方面综合考虑，最终制订一个最优方案。

以最常见的搬运工业机器人工作站布局为例，根据工作场地面积，在有利于提高生产节拍的前提下，搬运工业机器人工作站可采用 L 形、环状、"品"字形，或者"一"字形等布局类型。L 形布局可以将搬运工业机器人安装在龙门架上，使其行走在机床上方以节约地面资源；环状布局又称为"岛式加工单元"，它以工业机器人为中心，机床围绕其周围形成环状，可以提高生产效率、节约空间，适合小空间厂房作业。每种布局类型都有各自的适用场景，不同的工业机器人工作站应用场景也需要不同的布局类型与之适应，从而提高工业机器人工作站的工作效率。

工业机器人工作站布局的基础是设计者已经掌握整个工业机器人工作站设备或装置组成。在对各组成部分进行合理的布置时，可以先将工业机器人工作站功能实现所需的最核心组成部分，按工作场地、工艺流程等要求进行布置，再进行其他设备和装置的布置。工业机器人工作站布局大体分为三个步骤，分别是导入工业机器人、为工业机器人安装工具、放置外围设备或装置。

下面弧焊工业机器人工作站的布局为例做进一步详细说明。

第一步：启动 RobotStudio 软件，创建一个空的工作站（图 4-64、图 4-65）。

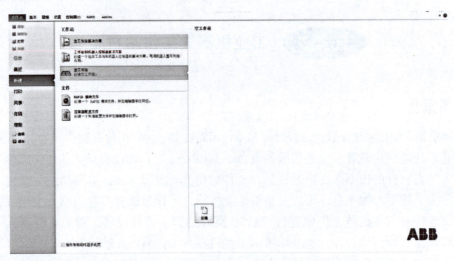

图 4-64　启动 RobotStudio 软件

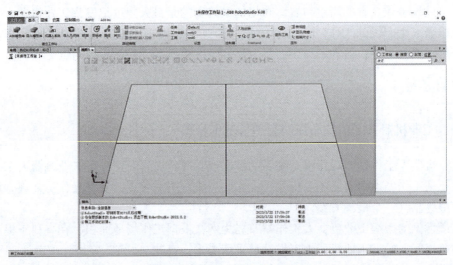

图 4-65　创建一个空的工作站

　　第二步：在模型库中选择 IRB1600 工业机器人，"到达"选择"1.45 m"，其余选择默认参数（图 4-66）。

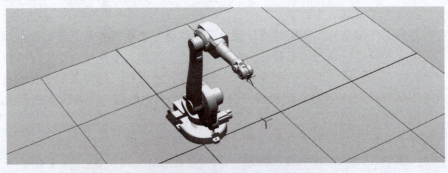

图 4-66　创建工业机器人设备

第三步：在模型库中选择弧焊焊枪"Binzel_air_22"，并将其安装在工业机器人上（图4-67）。

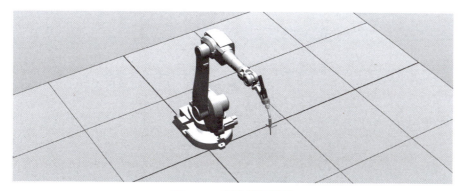

图4-67　创建弧焊焊枪

第四步：在模型库中选择底座"Robotpedestal1400_H240"，并调整工业机器人位置，将工业机器人放置在底座上（图4-68）。

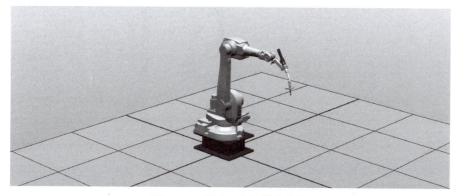

图4-68　创建工业机器人底座

第五步：在模型库中选择送丝装置"Fronius_VR1500"，并将送丝装置安装在工业机器人Link3轴上（图4-69）。

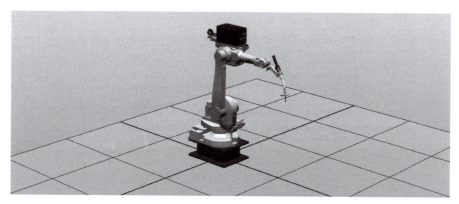

图4-69　创建焊接用送丝装置

第六步：在模型库中选择变位机"IRBP_A250"，参数设置为默认，并调整变位机位置，使其处于工业机器人工作空间中的合适位置（图4-70）。

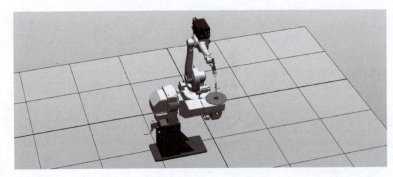

图4-70　创建变位机

第七步：在模型库中选择清理焊枪装置，并将其放置于合适的工作位置（图4-71）。

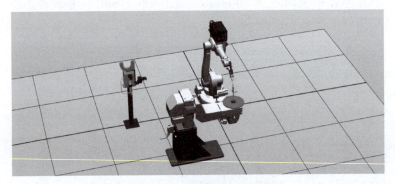

图4-71　创建清理焊枪装置

第八步：在模型库中选择安全围栏"Fence_2500"，安全围栏所围区域应该满足其他设备或装置的安装要求，并适合焊接工作的开展（图4-72）。

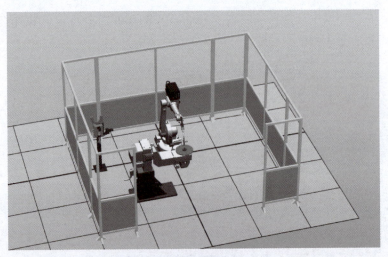

图4-72　创建安全围栏

第九步：选择几何体，导入自建的安全光栅门模型，将其放置在安全围栏的门口两侧（图 4-73）。

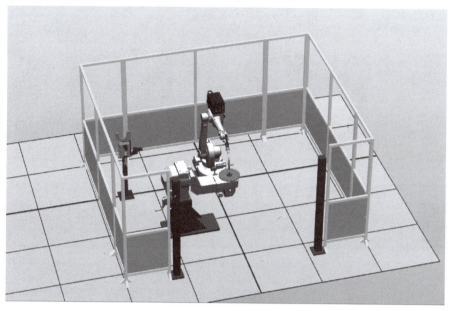

图 4-73 创建安全光栅门

第十步：选择几何体，导入自建的气瓶和焊丝筒模型，将其放置在安全围栏内的合适位置（图 4-74）。

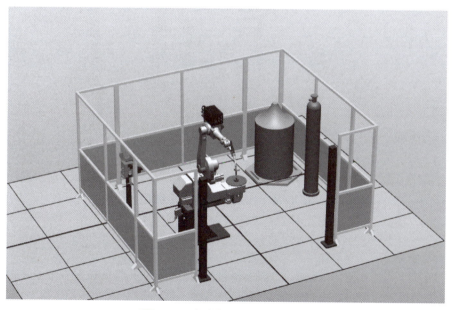

图 4-74 创建气瓶和焊丝筒模型

第十一步：选择几何体，导入自建的布线槽模型，将其放置在工业机器人后部，并引出至安全围栏之外，以便连接安全围栏内外的设备（图 4-75）。

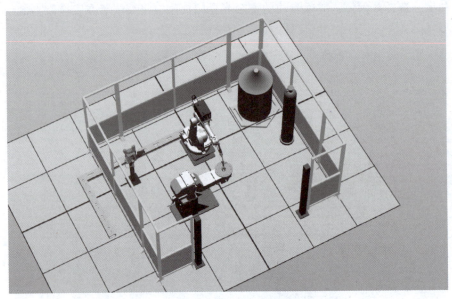

图 4-75　创建布线槽模型

第十二步：在模型库中选择工业机器人控制柜，将其放置在安全围栏之外并靠近布线槽附近，以便进行电气连接（图 4-76）。

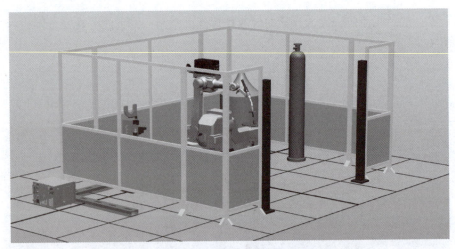

图 4-76　创建工业机器人控制柜

第十三步：在模型库中选择焊接机，将其放置在安全围栏之外并靠近布线槽附近，以便进行电气连接（图 4-77）。

第十四步：选择几何体，导入自建的焊接冷却设备模型，将其放置在安全围栏之外并靠近布线槽附近，以便进行电气连接（图 4-78）。

第十五步：在模型库中选择示教器，将其放置在安全围栏之外并靠近工业机器人控制柜和布线槽附近，以便进行电气连接（图 4-79）。

最后完成的弧焊工业机器人工作站布局如图 4-80 所示。

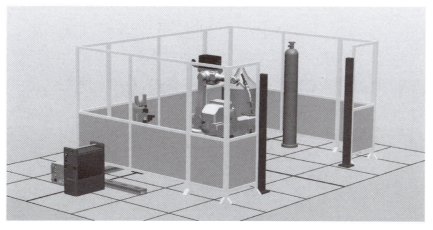

图 4-77　创建焊接机

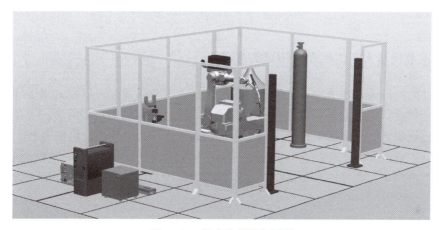

图 4-78　创建冷却设备模型

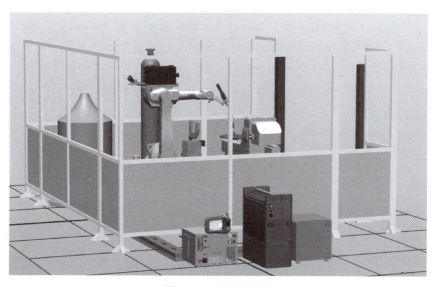

图 4-79　创建示教器

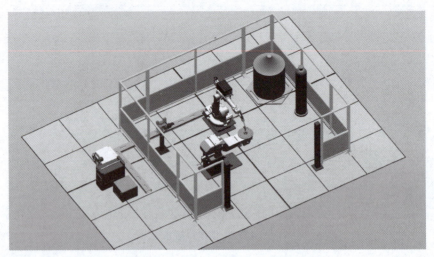

图 4-80　弧焊工业机器人工作站布局

二、工业机器人工作站布局仿真的意义

在设计阶段在仿真环境中对工业机器人工作站进行布局设计可以最大限度地降低设计方案的实施风险，还可以很直观地将工业机器人工作站展示给用户。同时，工业机器人工作站布局仿真也能为后续的调试工作和工业机器人工作站投入使用提供便利。

目前，工业机器人工作站布局所要考虑的目标主要有两个方面：一方面，面向生产制造，缩短生产周期，提高产品质量，向柔性制造方向发展；另一方面，降低工业机器人运动能耗。

如图 4-81 所示，该工业机器人工作站包括一台 4 自由度工业机器人和 3 个附属设备，如果需要工业机器人依次通过 A，B，C，D 4 个轨迹点，其中 A 点是工作原点，B，C，D 3 个点是与附属设备位置相关的工业机器人作业点，那么就可以得到若干个布局方案，图中给出了其中的两个（即布局方案 1 和布局方案 2）。在布局方案 1 和布局方案 2 中，可以明显地看出布局方案不同导致工业机器人轨迹有较大的区别，不同的布局方案和工业机器人轨迹导致工业机器人的运动时间和能耗各不相同。因此，布局方案和工业机器人轨迹是影响工业机器人加工效率和能耗的关键因素，其中工业机器人轨迹是直接影响因素，而布局方案是间接影响因素。

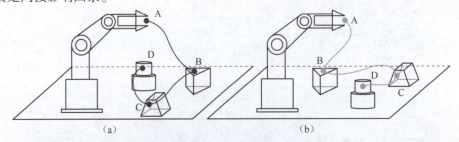

(a)　　　　　　　　　　　　　　　　　　(b)

图 4-81　不同布局方案中的工业机器人轨迹

（a）布局方案 1；（b）布局方案 2

工业机器人工作站布局仿真设计的意义十分明显，不但可以避免设计缺陷带来的损失，还可以为优化工艺方法、提升工作效率提供有力的支撑。在工业机器人工作站后期使用阶段，仿真软件的离线编程能力也是设备投产使用的重要保证，可以缩短线下调试程序所占用的设备生产时间，为设备升级改造和提高柔性加工能力提供了极大的便利。

任务实施

任务实施单如表4-5所示。

表4-5　任务实施单

任务名称：分拣码垛工业机器人生产线布局仿真		
班级：	学号：	姓名：
任务实施内容	任务实施心得	
（1）生产线功能： ①目标工件规格：ϕ100 mm×20 mm和100 mm×100 mm×20 mm； ②目标材质：POM塑料； ③输送带供料，可按工件形状分拣，并按形状分类输送工件； ④按分拣结果分别进行码垛，码垛层数为3，每层工件数量9。 （2）具体任务要求： ①按生产线功能要求进行硬件组成配置； ②按生产线功能要求绘制分拣码垛工序流程图； ③按工序流程图进行生产线控制流程分析，并绘制控制流程分析图； ④将各硬件进行功能配置，绘制硬件配置分析图； ⑤完成所需非标准设备或装置的设计建模； ⑥完成分拣码垛工业机器人生产线布局仿真设计及设计说明书编制		

一、任务实施分析

本任务完成分拣码垛工业机器人生产线布局仿真设计，是一个具有综合应用性质的任务，涵盖了很多之前任务的知识点和考核点，具体任务内容分析如下。

（1）分拣码垛的目标工件分为 $\phi 100\ mm\times 20\ mm$ 和 $100\ mm\times 100\ mm\times 20\ mm$ 两种规格，材质均为 POM 塑料。

（2）分拣码垛工业机器人生产线应包含至少两个工业机器人工作站单元，其中一个工业机器人工作站单元按工件形状，分拣从物流输送单元送来的各工件（即按规格分类），另一个工业机器人工作站单元对同一规格的工件进行码垛（即前者为分拣单元，后者为码垛单元）。

（3）经分拣单元分类后的两种工件分别供给码垛单元，由码垛单元完成单层 9 个工件，共 3 层的码垛工作。

（4）整条生产线最多允许使用 2 台工业机器人，工业机器人类型可自选，工作空间不足时须自行增配其他设备或装置进行扩大，直至满足生产线工作需要为止。

（5）进行仿真设计时，尽量选择仿真软件自带的资源进行功能配置，当仿真软件提供的资源无法满足要求时，可以自行建模设计。

（6）上述各条中未提到的装置可以根据需要自行选择或者设计。

二、任务评价内容

（1）能绘制合理的分拣码垛工序流程图。

（2）能根据分拣码垛工序流程图配置分拣码垛工业机器人生产线设备或装置组成。

（3）能合理选择所需工业机器人型号，并充分发挥其作用。

（4）能使用三维建模软件完成所需非标准设备或装置的设计建模。

（5）能合理使用 RobotStudio 软件提供的各种设备或装置进行集成设计。

（6）能使用 RobotStudio 软件完成分拣码垛工业机器人生产线布局仿真设计。

任务评价成绩构成如表 4-6 所示。

表 4-6　任务评价成绩构成

成绩类别	考核项目	赋分	得分
专业技术	工作流程制定	20	
	设备（或装置）配置	35	
	工作站仿真设计	35	
职业素养	专业知识融合应用	10	

班级：_____　学号：_____　姓名：_____　成绩：_____

三、提交材料

提交表 4-5、表 4-6。

任务4 典型工业机器人应用系统集成仿真

任务解析

随着工业自动化的市场竞争日益加剧，需要在生产中追求更高的效率，以降低价格，提高质量。在新产品生产之前花费时间对工业机器人检测或试运行是行不通的，因为这意味着要停止现有的生产，对新的或修改的部件进行编程。目前，生产厂家在设计阶段就会对新部件的可制造性进行检查。在进行工业机器人编程时，离线编程可与建立工业机器人应用系统同时进行。

离线编程的基础是建立仿真工业机器人工作站，从工业机器人工作站各种设备的布局到工艺流程的总体规划，从每个传感器信号的输入、输出到具体的关键动作的执行方式，要求仿真工业机器人工作站与实际的工业机器人工作站具有高度的相似度，只有在这样的仿真工业机器人工作站中进行离线编程，才能真正体现仿真技术对工业机器人实际应用的巨大支撑优势。

知识链接

在产品设计阶段，对工业机器人工作站进行最大限度的仿真，同时对工业机器人系统进行编程，可尽早开始生产，以缩短产品上市时间。正式产品生产编程在工业机器人实际安装前离线进行，通过可视化及可确认的方案来降低风险，并通过创建更加精确的路径来获得更高的部件质量和生产效率。

一、焊接工业机器人工作站的虚拟仿真实现

在 RobotStudio 软件中虚拟仿真现实工业机器人工作站，将工业机器人模型、工件模型以及外围设备模型导入工业机器人工作站，并对工业机器人工作站进行合理的布局，最后导入匹配的工业机器人系统，这样就建立了一个工业机器人工作站，可进行手动操纵和程序编写。通过本任务的学习，学生可以学会如何运用 RobotStudio 软件进行仿真加工工作。具体操作过程如下。

1. 导入基础模型和工具

在使用 RobotStudio 软件进行仿真加工时，需要满足基本的加工仿真环境要求。基础的加工仿真环境包括工业机器人本体、末端执行器、被加工工件、放置被加工工件的工作台。

1）新建工业机器人工作站

打开 RobotStudio 软件，在"文件"功能选项卡中，选择"创建"→"空工作站"命令，再单击"创建"按钮，从而创建一个空的工作站。

2）加载工业机器人模型

RobotStudio 软件涵盖了 ABB 公司的所有在市场上销售的工业机器人类型的三维模型及相关数据，要加载指定的工业机器人模型，必须根据工业机器人的应用场合、对象来确

定所需要的型号、载荷以及距离。工业机器人模型的加载在"基本"功能选项卡中进行，如图 4-82 所示，选择"IRB 2600"的相关参数后导入工业机器人工作站。

IRB 2600 家族包含 3 款子型号，载荷为 12～20 kg，该家族产品旨在提高上下料物料搬运、弧焊以及其他加工应用的生产力水平。

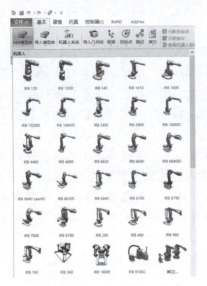
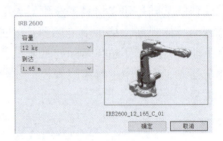

图 4-82　加载 IRB2600 型工业机器人模型

3）加载末端执行器模型

RobotStudio 软件自带已设定的末端执行器三维模型用于练习。在实际加工应用时，根据实际的工具建立工具的几何模型，然后将其导入 RobotStudio 软件，进行相关的设定，并保存为库文件，这样方便后续调用。这里选用已经建好的库文件。

（1）在"基本"功能选项卡中，选择"导入模型库"→"设备"命令，选择"Training Objects"→"myTool"选项，如图 4-83 所示。

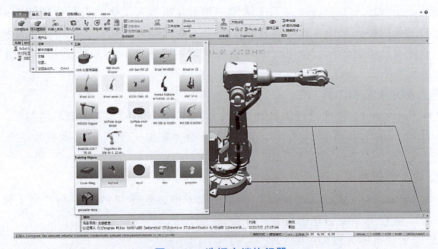

图 4-83　选择末端执行器

（2）在"布局"选项卡中，选择专用末端执行器"myTool"，单击鼠标右键，在弹出的快捷菜单中选择"安装到 IRB2600_12165C01"命令，在弹出的"更新位置"对话框中单击"是"按钮，即可完成末端执行器的安装，如图 4-84、图 4-85 所示。

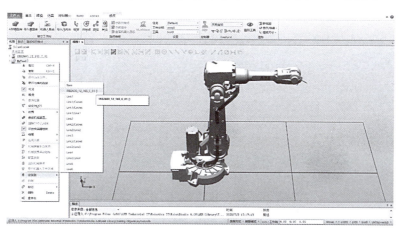

图 4-84　将末端执行器安装到工业机器人上

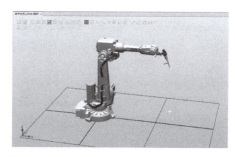

图 4-85　末端执行器安装完成

（3）如果要把末端执行器拆除，则需在"布局"选项卡中选择"myTool"，单击鼠标右键，在弹出的快捷菜单中选择"拆除"命令，在弹出的"更新位置"对话框中单击"是"按钮，即可完成末端执行器的拆除，如图 4-86 所示。

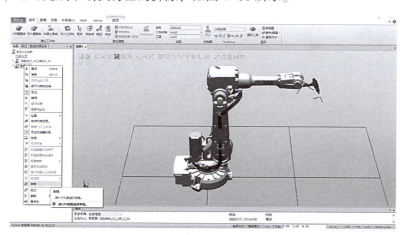

图 4-86　拆除已安装的末端执行器

2. 搭建工业机器人工作站仿真场景

1）加载工作台并布局

（1）在基本仿真工作站中，需要放置被加工工件的工作台，该工作台同时可作为坐标系的参照。在"基本"功能选项卡中，选择"导入模型库"→"设备"→"propeller table"模型，导入工作台，如图4-87所示。

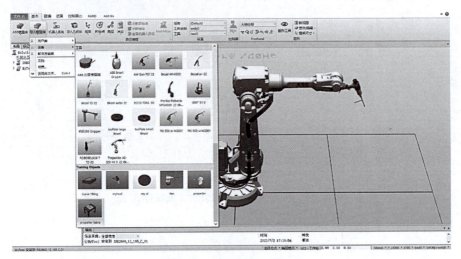

图 4-87 加载焊接工作台

（2）在"布局"选项卡中，选择"IRB2600_12_165_C_01"工业机器人，单击鼠标右键，在弹出的快捷菜单中选择"显示机器人工作区域"命令。

（3）如图4-88所示，工业机器人周围的曲线所组成的封闭空间为工业机器人可达范围。"显示工作空间"选择"当前工具"，勾选"2D轮廓"复选框，将工作对象调整到工业机器人的最佳工作范围内，这样才可以提高节拍和方便轨迹规划。将工作台移到工业机器人的工作区域，如图4-89所示。

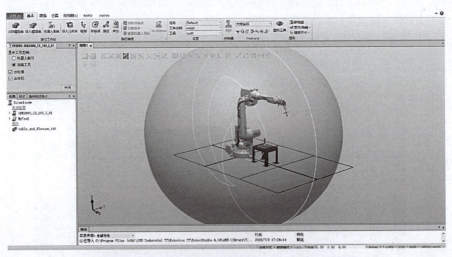

图 4-88 带末端执行器的工业机器人工作空间

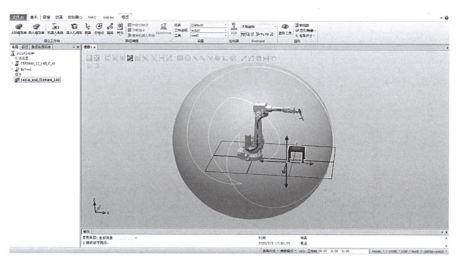

图 4-89　调整工作台位置

（4）在"Freehand"栏中，选择"大地坐标"选项，单击"移动"按钮，拖动箭头到达图 4-89 所示的大地坐标位置，指向右侧的箭头为 X 轴方向，指向内部的箭头为 Y 轴方向，指向上方的箭头为 Z 轴方向。通过移动功能使工作台位于工业机器人工作范围内。在使用完移动功能之后要将其关闭，否则会影响后续布局，可能出现意外变动。

注意：在"布局"选项卡中，如果要旋转工作台，则单击"旋转"按钮。在图形窗口中，单击某个转动环将项目拖到相应位置。如果在旋转项目时按 Alt 键，则旋转一次移动 10°。

2）加载工件并布局

（1）在"基本"功能选项卡中，选择"导入模型库"→"设备"→"Curve Thing"工件，加载工件模型，如图 4-90、图 4-91 所示。

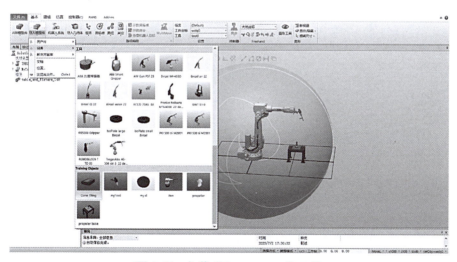

图 4-90　加载"Curve Thing"工件

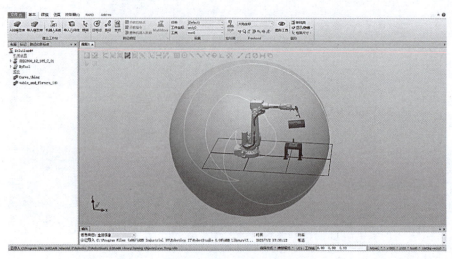

图 4-91　加载完成的"Curve Thing"工件

（2）为便于创建工业机器人轨迹，需将"Curve Thing"工件放置在"propeller table"工作台上。在 RobotStudio 软件中放置工件的方法有一点法、两点法、三点法、框架法、两个框架法，这里主要介绍两点法。

①将工件"Curve Thing"放置在工作台上。用鼠标右键单击"Curve Thing"工件，在弹出的快捷菜单中选择"位置"→"放置"→"两点"命令，如图 4-92 所示。

②选择捕捉工具的"选择部件"和"捕捉末端"功能。如图 4-93 所示，单击"主点-从"的第一个坐标框，然后单击操作区的"第一点"；单击"主点-到"的第二个坐标框，然后单击操作区的"第二点"；单击"X 轴上的点-从"的第三个坐标框，然后单击操作区的"第三点"；单击"X 轴上的点-到"的第四个坐标框，然后单击操作区的"第四点"。按照下面的顺序单击两个物体对齐的基准线：第一点和第二点对齐，第三点和第四点对齐。单击对象，其点位的坐标值自动显示在坐标框中，然后单击"应用"按钮。

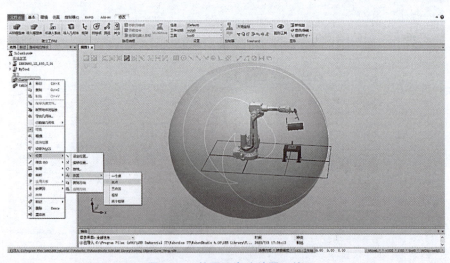

图 4-92　使用两点法放置工件

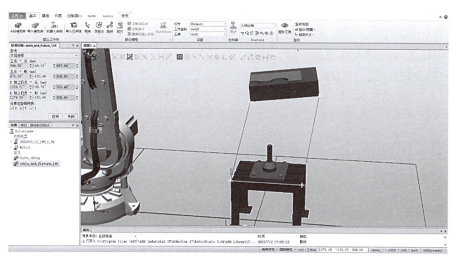

图 4-93　设置两点位置

注意：此时显示的两点坐标视工作台的仿真位置不同会与图 4-93 中显示的坐标不同，读者在进行此步骤时，按实际操作选择坐标即可。

（3）对象已准确对齐放置在工作台上，如图 4-94 所示，至此基本的仿真环境搭建完毕。此时可以在"布局"选项卡中用鼠标右键单击"IRB2600_12_165_C_01"工业机器人，在弹出的快捷菜单中，取消对"显示机器人工作区域"的选择。

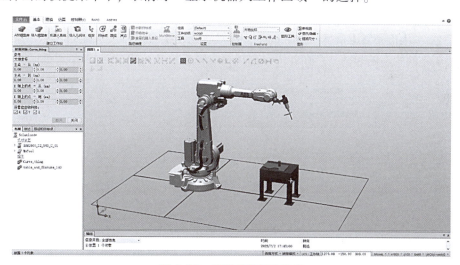

图 4-94　仿真环境创建完成

3. 创建工业机器人系统

1）创建工业机器人系统的方法

导入的模型放置完成后，工业机器人的基本仿真工作站就创建完成了。工作站创建完成后，如果没有创建工业机器人系统，工业机器人就无法运动和进行相应仿真。因此，还需要创建工业机器人系统。RobotStudio 软件为工业机器人系统的创建提供了 3 种方法。

（1）从布局：根据工作站布局创建工业机器人系统。

（2）新建系统：为工作站创建新的工业机器人系统。

（3）已有系统：为工作站添加已有的工业机器人系统。

2）创建工业机器人系统的步骤

使用第一种方法，具体步骤如下。

（1）在"基本"功能选项卡中，选择"机器人系统"→"从布局"，如图 4-95 所示。

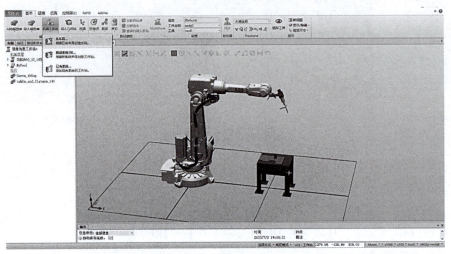

图4-95　从布局创建工业机器人系统

（2）在"从布局创建系统"对话框中，设置所创建工业机器人系统的名称和保存位置。如果安装了不同版本的系统，则在此可以选择相应版本的 RobotWare，如图 4-96 所示。

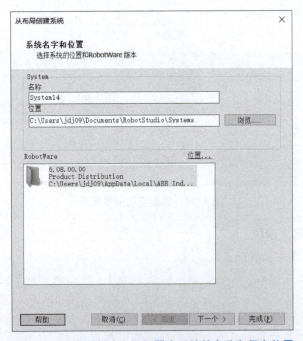

图4-96　设置所创建工业机器人系统的名称和保存位置

（3）工业机器人系统名称和保存设置完成后，单击"下一个"按钮，在"选择系统的机械装置"界面勾选所创建的机械装置"IRB2600_12_165_C_01"，然后单击"下一个"按钮，如图4-97（a）所示，之后单击"完成"按钮，如图4-97（b）所示。

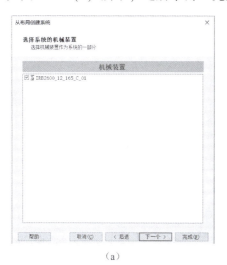 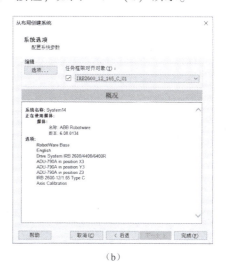

（a）　　　　　　　　　　　　　　　　（b）

图4-97　选择并设置机械装置

（a）选择机械装置；（b）设置机械装置

（4）在状态栏右下角可以看见控制器状态，若为绿色，表明工业机器人系统创建完成并启动运行，同时在"输出"选项卡中可以看到系统的创建过程，如图4-98所示。

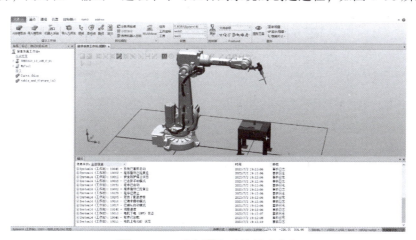

图4-98　工业机器人系统创建成功

4. 手动操作工业机器人系统

在虚拟工作站中，如果想完成工件的仿真加工任务，必须能够驱动工业机器人运转以便加工工件。RobotStudio虚拟软件提供了多种移动工业机器人的方法。应该熟练掌握手动操作工业机器人的方法，为后续编程做准备。

手动操作工业机器人的方法主要有手动关节、手动线性、手动重定位3种，这3种方法也称为直接拖动控制方法。一般地，ABB工业机器人由6个伺服电动机分别驱动工业机器人的 6 个关节轴，每次手动操作一个关节轴的运动，就称为单轴运动，也称为关节运动。单轴运动在进行粗略的定位和比较大幅度的移动时，相比其他的手动操作方法方便快捷。

工业机器人第六轴法兰盘上的 TCP 在空间中沿着坐标系的 X、Y、Z 轴方向所做的直线运动，称为工业机器人第六轴法兰盘上的 TCP 在空间中绕着坐标轴旋转的运动，也可以理解为工业机器人的线性运动。工业机器人绕着 TCP 所做的姿态调整运动称为重定位运动。

1）Freehand 手动操作工业机器人

（1）手动关节运动。

工作站中所使用的工业机器人是 IRB 2600 型，该工业机器人拥有 6 个自由度。在手动关节运动模式下，可以独立操作每个关节轴。首先在"基本"功能选项中选择"Freehand"→"手动关节"选项，然后选择要运动的工业机器人轴，拖动鼠标即可手动操作工业机器人相应的关节旋转。图 4-99（a）所示为手动操作关节轴 3 做手动关节运动。其他关节轴也可以使用鼠标拖动运动。

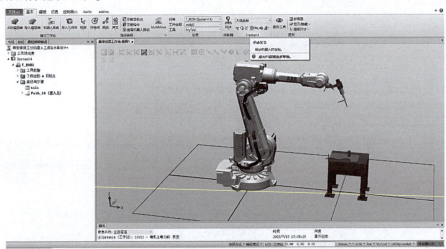

（a）

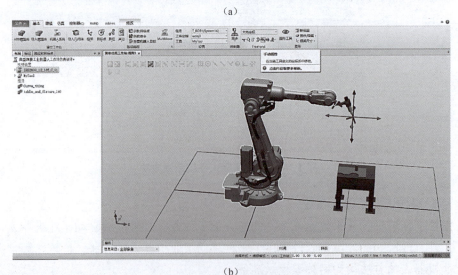

（b）

图 4-99　手动关节运动和手动线性运动

（a）手动关节运动；（b）手动线性运动

（2）手动线性运动。

手动关节运动是对工业机器人的关节轴进行独立操作，工业机器人末端执行器的运动轨迹不一定是直线，但是在实际操作调整过程中，经常需要工业机器人末端执行器沿某条直线运动。

RobotStudio 软件提供了手动线性运动模式。在工业机器人线性运动之前，要先设置好相关的参数，再在"基本"功能选项卡中选择"Freehand"→"手动线性"选项，拖动工业机器人末端执行器处的坐标箭头，分别沿 X、Y、Z 轴方向移动，完成工业机器人的手动线性运动，如图 4-99（b）所示。

（3）手动重定位运动。

工业机器人重定位运动可以理解为工业机器人绕 TCP 做姿态调整的运动。在工业机器人重定位运动之前，要设置好相关的参数，然后在"基本"功能选项卡中选择"Freehand"→"手动重定位"选项，拖动工业机器人末端执行器处的坐标箭头，分别沿 X、Y、Z 轴方向移动，完成工业机器人的手动重定位运动，如图 4-100 所示。

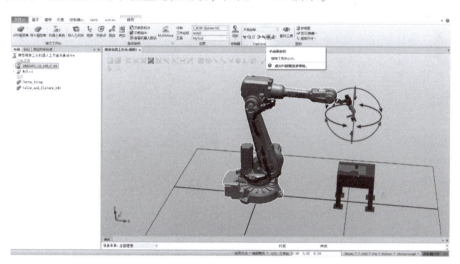

图 4-100　手动重定位运动

2）机械装置手动操作工业机器人

手动关节、手动线性、手动重定位 3 种方法均无法实现工业机器人的精准运动。可以借助机械装置通过精确手动控制方式实现工业机器人的精确运动。

精确手动控制方式根据运动方式的不同又分为机械装置手动关节和机械装置手动线性两种。能够实现工业机器人的精确运动，是精确手动控制方式与直接拖动控制方式的本质区别。

（1）机械装置手动关节。

①在"基本"功能选项卡左侧"布局"选项卡中，用鼠标右键单击"IRB2600_12_165_C01"，选择"机械装置手动关节"命令，如图 4-101 所示。

②在左侧"手动关节运动"输入框中，拖动相应轴关节的滑块或单击"<""＞"按钮，即可实现对关节轴的精确操作，运动幅度的大小可由"Step"框设定，如图 4-102所示。

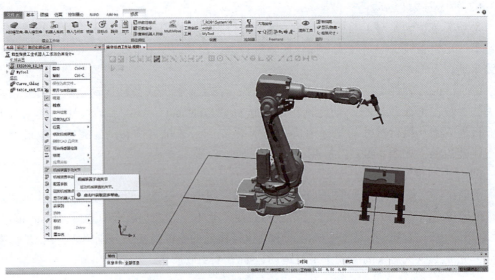

图 4-101　选择"机械装置手动关节"命令

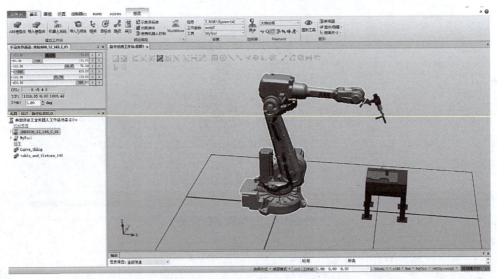

图 4-102　机械装置手动关节参数设置

（2）机械装置手动线性。

①在"基本"功能选项卡左侧"布局"选项卡中，用鼠标右键单击"IRB2600_12_165_C01"，选择"机械装置手动线性"命令，如图 4-103 所示。

②在左侧"手动线性运动"输入框中，可以设置"Step"大小、坐标系等参数，选择相应的线性坐标轴，单击"<"">"按钮即可使工业机器人沿线性坐标轴 X、Y、Z 方向移动或者绕坐标轴 RX、RY、RZ 旋转到预定的位置，如图 4-104 所示。

③机械装置回原点。

用鼠标右键单击"IRB2600_12165_C_01"，在弹出的快捷菜单中选择"回到机械原点"命令，但不是 6 个关节轴都为 0°，关节轴 5 会在 3 的位置，如图 4-105 所示。

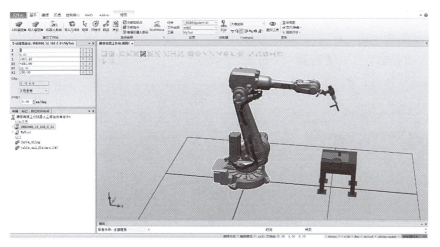

图 4-103　选择"机械装置手动线性"命令

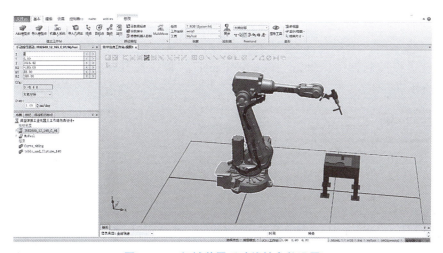

图 4-104　机械装置手动线性参数设置

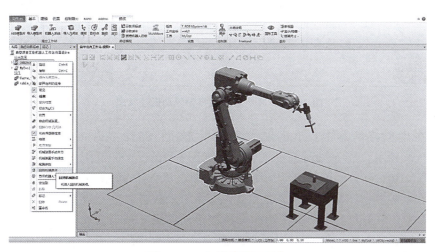

图 4-105　机械装置回原点

5. 手动操作虚拟示教器

1）手动关节运动

（1）在"控制器"功能选项卡中选择"示教器"→"虚拟示教器"命令，如图 4-106 所示。

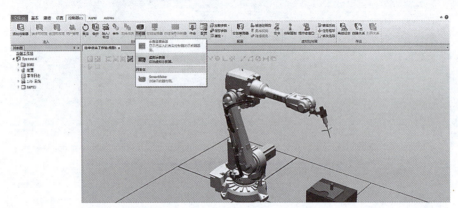

图 4-106　选择"虚拟示教器"命令

（2）在虚拟控制器中，单击"Control Panel"，将钥匙开关打到手动低速状态，如图 4-107 所示。

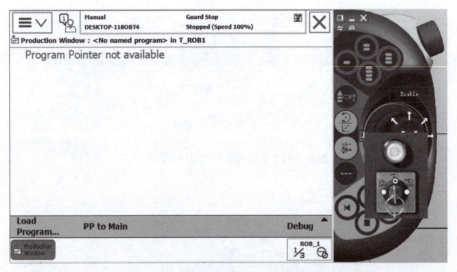

图 4-107　将钥匙开关打到手动低速状态

（3）在虚拟控制器中，单击左上角菜单按钮，选择"Control Panel"选项，如图 4-108（a）所示，选择"Language"选项，如图 4-108（b）所示，然后选择"Chinese"选项，如图 4-108（c）所示，在弹出的对话框中单击"Yes"按钮，如图 4-108（d）所示。

（4）在"控制器"功能选项卡中，重新选择"示教器"→"虚拟示教器"命令。在虚拟控制器中，单击左上角菜单按钮，选择"手动操纵"选项，如图 4-109（a）所示；选择"动作模式"选项，如图 4-109（b）所示；选择"轴 1-3"，然后单击"确定"按钮，如图 4-109（c）所示。

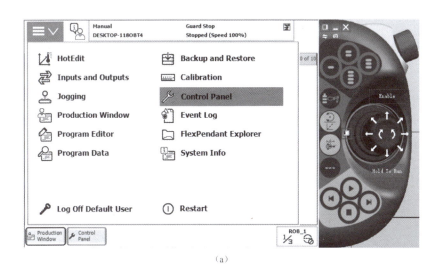

（a）

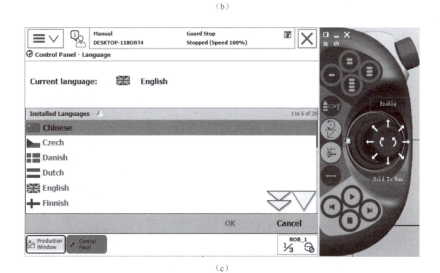

（b）

（c）

图 4-108 设置虚拟示教器环境语言为中文

（a）选择"Control Panel"选项；（b）选择"Language"选项；（c）选择"Chinese"选项

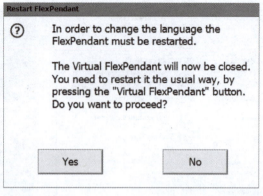

（d）

图 4-108　设置虚拟示教器环境语言为中文（续）

（d）单击"Yes"按钮

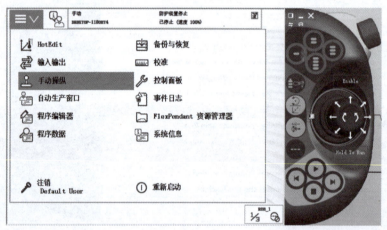

（a）

（b）

图 4-109　选择关节运动模式

（a）选择"手动操纵"选项；（b）选择"动作模式"选项

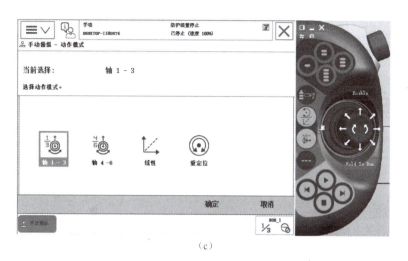

（c）

图 4-109　选择关节运动模式（续）

（c）选择"轴 1-3"选项

（5）在虚拟示教器中，单击右侧"Enable"按钮，给电动机上使能；按箭头方向单击摇杆，驱动工业机器人关节运动，如图 4-110 所示。操作虚拟示教器上的摇杆，工具的 TCP 在空间中做关节运动，屏幕中显示轴 1~3 的摇杆方向，箭头代表正方向。

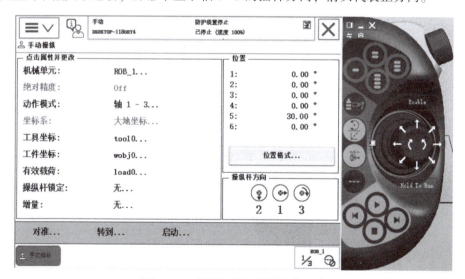

图 4-110　驱动工业机器人关节运动

2）手动线性运动

（1）与手动关节运动的操作相同，选择"手动操纵"→"动作模式"→"线性"选项，然后单击"确定"按钮，如图 4-111 所示。

（2）在虚拟示教器中，单击右侧"Enable"按钮，给电动机上使能；按箭头的方向单击摇杆，驱动工业机器人线性运动，如图 4-112 所示。操作虚拟示教器上的摇杆，工具的 TCP 在空间中做线性运动，屏幕中显示轴 X、Y、Z 的摇杆方向，箭头代表正方向。

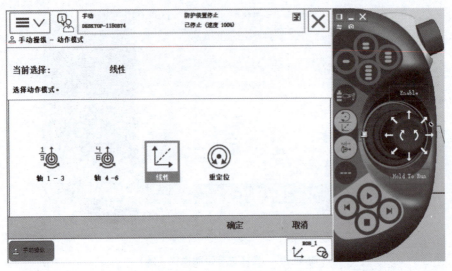

图 4-111　选择"线性"选项

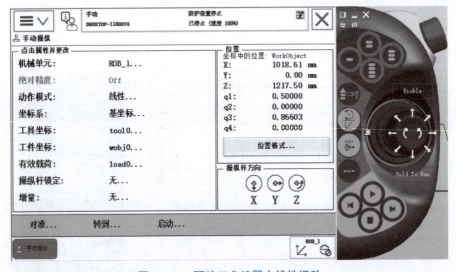

图 4-112　驱动工业机器人线性运动

（3）设置增量模式。选择"增量"选项，如图 4-113（a）所示；根据需要选择移动距离，然后单击"确定"按钮，如图 4-113（b）所示。

注意：如果对使用摇杆通过位移幅度来控制工业机器人运动的操作不熟练，那么可以使用增量模式控制工业机器人的运动。

在增量模式下，摇杆每移动一次，工业机器人就移动一步。如果摇杆持续移动 1 s 或数秒，工业机器人就会持续移动（速率为 10 步/s）。增量参数如表 4-7 所示。

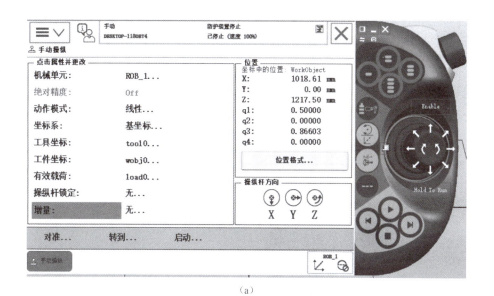

（a）

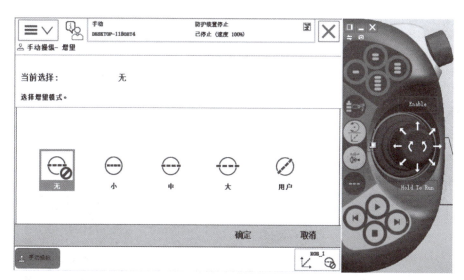

（b）

图 4-113 设置增量模式

（a）选择"增量"选项；（b）选择移动距离

表 4-7 增量参数

增　量	移动距离/mm	弧度/rad
小	0.05	0.000 5
中	1	0.004
大	5	0.009
用户	自定义	自定义

3）手动重定位运动

（1）与手动关节运动的操作相同，选择"手动操纵"→"动作模式"→"重定位"选项，然后单击"确定"按钮，如图4-114所示。

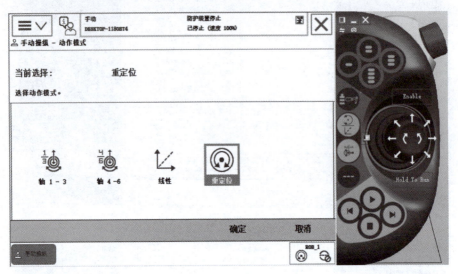

图4-114　选择"重定位"选项

（2）选择"手动操纵"→"坐标系"→"工具"选项，然后单击"确定"按钮，如图4-115所示。

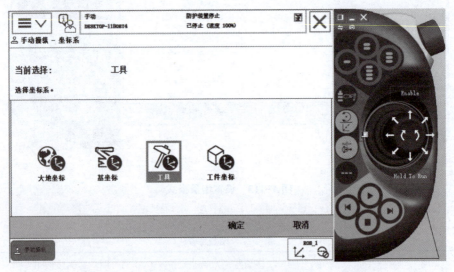

图4-115　选择"工具"选项

（3）选择"手动操纵"→"工具坐标"→"tool0"选项，然后单击"确定"按钮，如图4-116所示。

（4）在虚拟示教器中，单击右侧"Enable"按钮，给电动机上使能；按箭头方向单击摇杆，驱动工业机器人重定位运动，如图4-117所示。操作虚拟示教器上的摇杆，工业机器人绕着TCP做姿态调整运动，屏幕中显示轴 X、Y、Z 的摇杆方向，箭头代表正方向。

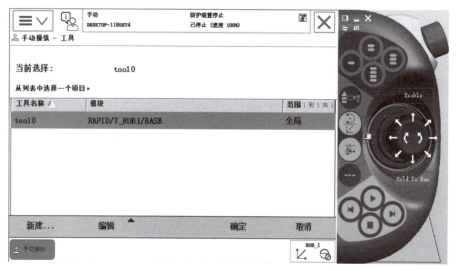

图4-116　选择"tool0"选项

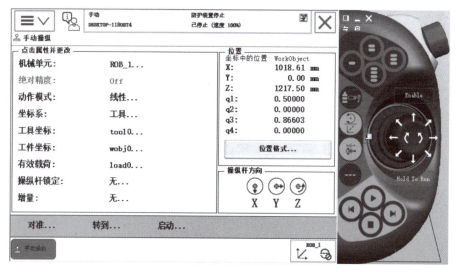

图4-117　驱动工业机器人重定位运动

6. 创建工件坐标系

与真实的工业机器人一样，对于虚拟工业机器人，也需要在RobotStudio软件中对工件对象建立工件坐标系。具体操作如下。

（1）在"基本"功能选项卡中选择"其他"→"创建工件坐标"命令，如图4-118所示。

（2）在视图的快捷菜单中单击"选择表面"和"捕捉末端"按钮，设置工件坐标名称为"Workobject_1"，单击用户坐标系框架的"取点创建框架"下拉箭头，如图4-119所示。

（3）在弹出的对话框中单击"三点"单选按钮，单击"X轴上的第一个点"的第一个输入框，随即单击1号角点；单击"X轴上的第二个点"的第二个输入框，随即单击2号角点；单击"Y轴上的点"的第三个输入框，随即单击3号角点。如图4-120所示，确认单击的3个角点的数据已生成，然后单击"Accept"按钮。

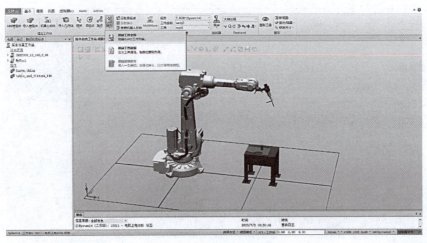

图 4-118　创建工件坐标系

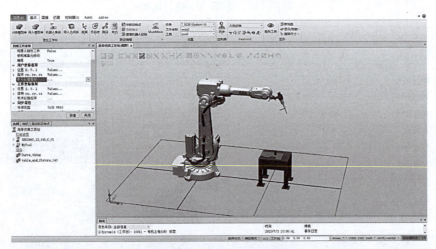

图 4-119　用户坐标系框架

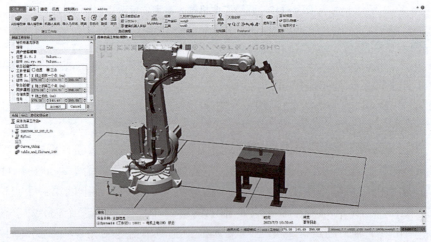

图 4-120　取点创建工件坐标系框架

（4）接受以上设置数据后在"创建工件坐标"对话框中单击"创建"按钮。图4-121所示为创建好的工件坐标系。

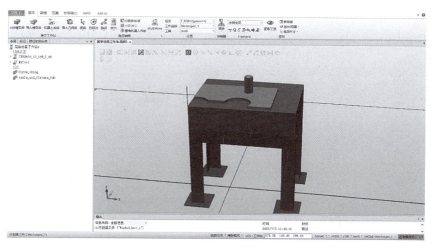

图4-121　创建好的工件坐标系

7. 创建工业机器人轨迹指令程序

与真实的工业机器人一样，在RobotSrudio软件中工业机器人运动轨迹也是通RAPID程序指令进行控制的。接下来讲解如何在RobotStudio软件中进行轨迹的仿真。工业机器人轨迹指令程序可以下载到真实的工业机器人中运行。

（1）在"基本"功能选项卡中选择"路径"→"空路径"选项，如图4-122所示，生成空路径"Path_10"。

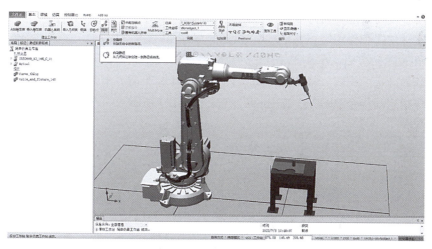

图4-122　创建空路径

（2）在"基本"功能选项卡中将任务设置为"T_ROB1（Emulation）"，将工件坐标系设置为"Workobject_1"，将工具设置为"MyTool"。在开始编程之前，对运动指令及参数进行设置，选择对应的选项并设置为"MoveJ * v150 fine MyTool\Wobj：=Wobj1"，如图4-123所示（在右下角进行设置）。

注意：在右下角设置运动指令及参数非常重要，它涉及工业机器人在工艺操作、设备安全、生产效率等方面的表现。

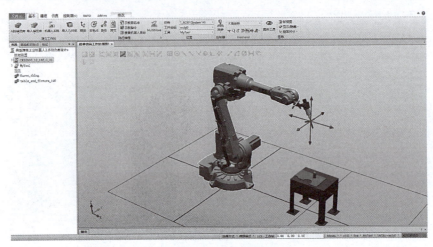

图 4-123　设置空路径

（3）选择"手动关节"，将工业机器人拖到合适的位置，并将该位置作为轨迹的起始点，单击"示教指令"按钮，则在路径"Path_10"下生成新创建的运动指令"MoveJ Target10"。

注意：在此步骤中，将工业机器人拖动至一个适合加工工艺执行的位置即可，这个第一点实质上是工业机器人开始工作的安全起点，在严格意义上并不是工业机器人轨迹的第一个点。在工业机器人系统中（无论实际的还是虚拟的工业机器人），每设置一个点位，工业机器人系统就会自动生成一个 Target 参数，同时自动按 10，20，30，…编号，如果有点位被删除，则将自动向后延续编号，因此在实际操作时不必在意编号的具体值，只需保证该点的实际位置和作用即可。

（4）在视图的快捷菜单中单击"选择部件"和"捕捉末端"按钮。选择手动线性运动模式或其他合适的模式，拖动工业机器人，使工具对准第一个角点，单击示教指令，则生成新创建的运动指令"MoveJ Target20"，如图 4-124 所示。

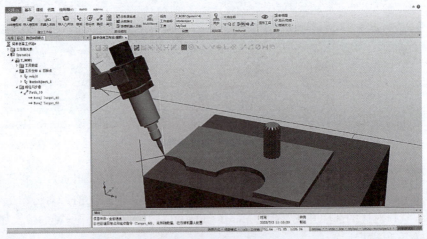

图 4-124　创建轨迹第一点

（5）圆弧指令由 3 个点组成。沿工件轨迹曲线运动，单击右下角对应的选项并将其设置为"MoveL * v150 fine MyTool\Wobj：= Wobj1"，在视图的快捷菜单中单击"选择部件"和"捕捉边缘"按钮。选择手动线性运动模式或其他合适的模式，拖动工业机器人，使工具对准圆弧上的中间过渡点，单击示教指令，则生成新创建的运动指令"Movel Target30"，如图 4-125 所示。

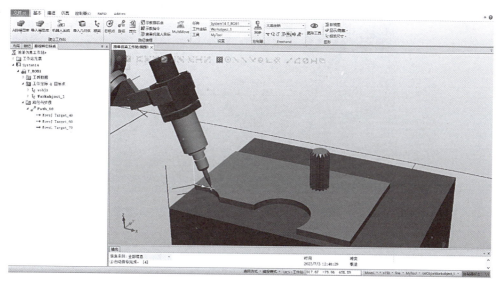

图 4-125　创建轨迹第二点

（6）在视图的快捷菜单中单击"选择部件"和"捕捉末端"按钮。选择手动线性运动模式或其他合适的模式，拖动工业机器人，使工具对准圆弧的终点，单击示教指令，则生成新创建的运动指令"MoveL Target40"，如图 4-126 所示。

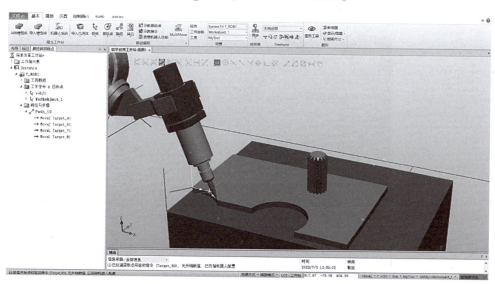

图 4-126　创建轨迹第三点

（7）在"路径和目标点"选项卡中，选择"MoveL Target30"，并按住 Ctrl 键再选择

"MoveTarget40"，单击鼠标右键，在弹出的快捷菜单中选择"修改指令"→"转换为MoveC"命令，则生成新运动指令"MoveC Target30，Target40"，如图4-127所示。

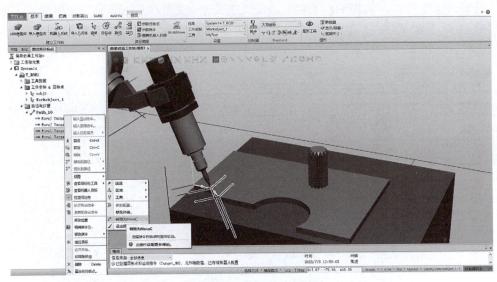

图4-127　生成新运动指令

注意：指令的生成方式可以灵活选择，熟悉这方面操作的读者可以根据实际需要先行规划好几个所需的点位，并一一生成运动指令后根据工艺需要逐一修改，也可以一边设置一边修改。

（8）在此后的轨迹设置中，如果遇到圆弧轨迹，则采用上述方式，如图4-128所示，最后对工件的其余直线边也进行轨迹设置，如图4-129所示。

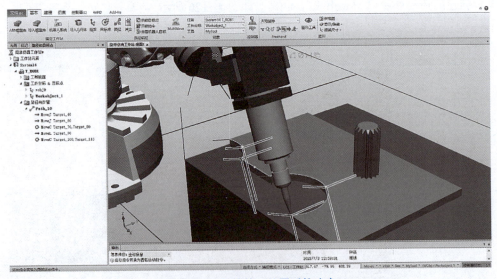

图4-128　创建第二处圆弧轨迹点

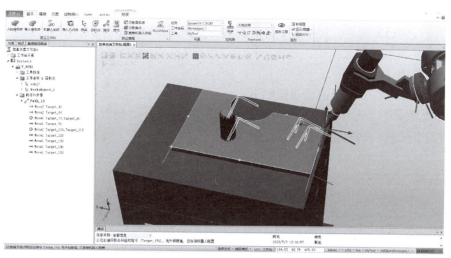

图 4-129　创建工件外沿全部顶点轨迹点

（9）终止点与起始点创建方法相同。选择手动线性运动模式或其他合适的模式，拖动工业机器人，使工具回到安全位置，单击示教指令，创建"MoveL Target120"，如图 4-130 所示。对于终止点，也可以通过复制起始点并粘贴到最后的方法，生成一个与起始点同位的终止点。

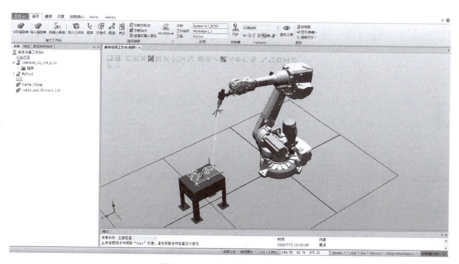

图 4-130　创建轨迹终止点

注意：当工业机器人完成一个条轨迹的操作后，需要返回出发点，这是工业机器人编程的良好习惯，在虚拟环境中编程时也要保持这个良好习惯。

仿真工作站的搭建和轨迹编程都完成之后，如何知道工业机器人轨迹是否有问题？RobotStudio 软件提供了工业机器人轨迹仿真运行及其录制方法。

8. 仿真运行工业机器人轨迹

1）工业机器人轨迹指令程序

在创建工业机器人轨迹指令程序时，要注意以下两点。

（1）在手动线性运动模式下，要注意观察各关节轴是否会因接近极限而无法拖动，这时要适当进行姿态的调整，观察关节轴角度的方法参照精确手动控制方式。

（2）在示教轨迹的过程中，如果出现工业机器人无法到达工件的情况，则应适当调整工件的位置再进行示教。

仿真运行工业机器人轨迹的步骤如下。

（1）选择路径"Path_10"，单击鼠标右键，选择"自动配置"→"所有移动指令"命令，进行关节轴自动配置，如图4-131所示。

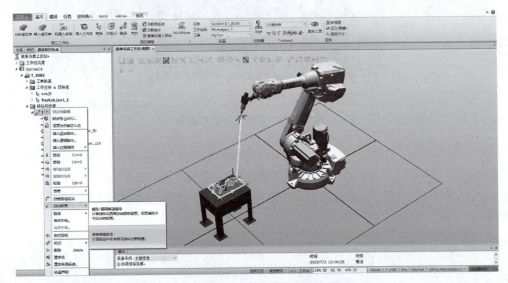

图4-131　进行关节轴自动配置

（2）选择路径"Path_10"，单击鼠标右键，选择"沿着路径运动"命令，检查工业机器人是否能正常运动，如图4-132所示。

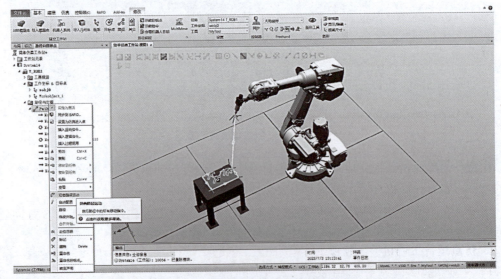

图4-132　使工业机器人沿着路径运动

2）工作站与虚拟示教器

（1）工作站与虚拟示教器的数据同步的定义。

同步即确保在虚拟示教器中运行的工业机器人系统的 RAPID 程序与 RobotStudio 软件内的程序相符。

（2）工作站与虚拟示教器的数据同步的作用。

在工作站中，工业机器人的位置和运动通过目标和路径中的运动指令定义它们与 RAPID 程序模块中的数据声明和 RAPID 指令对应。

通过使工作站与虚拟示教器的数据同步，可在工作站中使用数据创建 RAPID 程序。

通过使虚拟示教器与工作站的数据同步，可在虚拟示教器中运行的工业机器人系统中使用 RAPID 程序创建路径和目标点。

（3）将工作站同步到 RAPID 的情况和方法。

要使工作站与虚拟示教器的数据同步，可通过工作站内的最新更改来更新虚拟示教器的 RAPID 程序。需要将工作站同步到 RAPID 的情况如下。

①执行仿真。

②将程序保存为 PC 中的文件。

③复制或加载 RobotWare 系统。

将工作站同步到 RAPID 的操作方法如下。

①打开"基本"功能选项卡。

②单击"同步"按钮。

③选择"同步到 RAPID"命令，如图 4-133（a）所示。

④在弹出的对话框中勾选所有复选框，单击"确定"按钮，如图 4-133（b）所示。

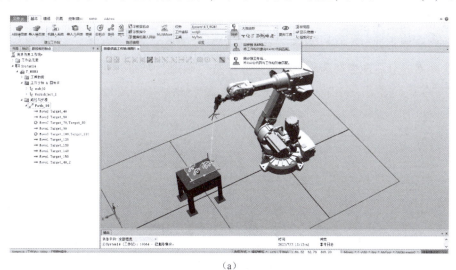

（a）

图 4-133　将工作站同步到 RAPID

（a）选择"同步到 RAPID"命令

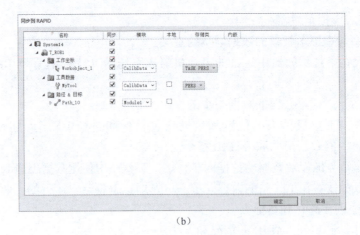

（b）

图 4-133　将工作站同步到 RAPID（续）

（b）勾选所有复选框

（4）将 RAPID 同步到工作站的情况和方法。

要使虚拟示教器与工作站的数据同步，可在虚拟示教器中运行的工业机器人系统中创建与 RAPID 程序对应的路径、目标点和运动指令。需要将 RAPID 同步到工作站的情况如下。

①启动的工业机器人系统包含现存的新虚拟示教器。

②从文件加载了程序。

③对程序进行了基于文本的编辑。

将 RAPID 同步到工作站的操作方法如下。

①打开"基本"功能选项卡。

②单击"同步"按钮。

③选择"同步到工作站"命令，如图 4-134（a）所示。

④在弹出的对话框中勾选所有复选框，单击"确定"按钮，如图 4-134（b）所示。

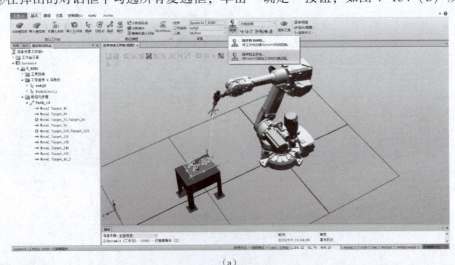

（a）

图 4-134　将 RAPID 同步到工作站

（a）选择"同步到工作站"命令

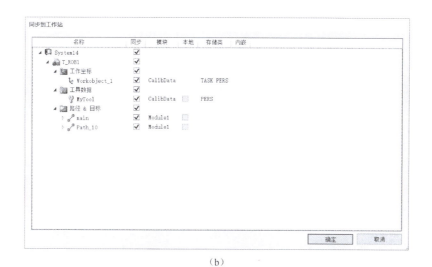

（b）

图 4-134　将 RAPID 同步到工作站（续）

（b）勾选所有复选框

3）仿真运行轨迹

（1）在"基本"功能选项卡中选择"同步"→"同步到 RAPID"命令。

（2）选择所有需要同步的项目后，单击"确定"按钮（一般全部选择）。

（3）在"仿真"功能选项卡下单击"仿真设定"按钮。在"仿真对象"框中选择"T_ROB1"，"进入点"选择"Path_10"，然后单击"刷新"按钮，最后关闭"仿真设定"选项卡，如图 4-135 所示。

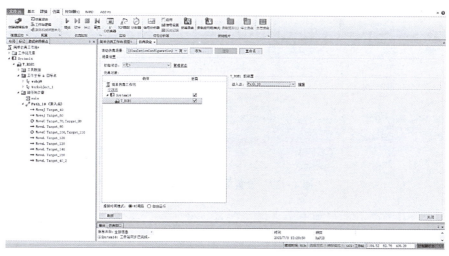

图 4-135　"仿真设定"选项卡

（4）设置完成后，在"仿真"功能选项卡下单击"播放"按钮，如图 4-136 所示。这时工业机器人按之前所示教的轨迹运动，最后保存整个工作站。

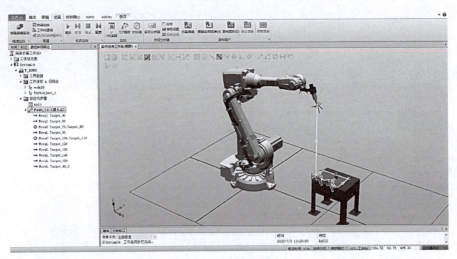

图 4-136　仿真运行

9. 录制仿真视频

1）将工作站中工业机器人的运行过程录制成视频

（1）在"文件"功能选项卡中选择"选项"→"屏幕录像机"命令，对屏幕录像机的参数进行设置，单击"确定"按钮，如图 4-137 所示。

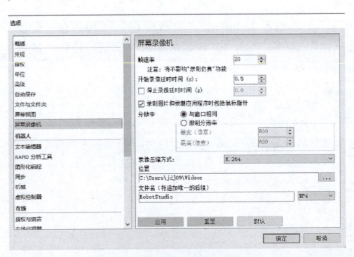

图 4-137　设置屏幕录像机的参数

（2）在"仿真"功能选项卡中选择"仿真录像"→"播放"命令，然后在"仿真"功能选项卡中单击"查看录像"按钮就可以查看视频，如图 4-138 所示。

图 4-138　单击"查看录像"按钮

2）将工作站制成 EXE 可执行文件

（1）在"仿真"功能选项卡中选择"播放"→"录制视图"命令，如图 4-139（a）所示。录制完成后，在弹出的"另存为"对话框中指定保存位置，然后单击"保存"按钮，如图 4-139（b）所示。

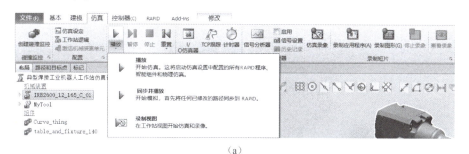

（a）

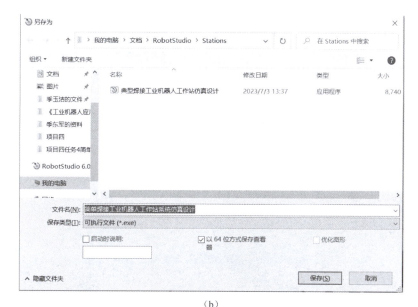

（b）

图 4-139　仿真运行设置

（a）选择"录制视频"命令；（b）单击"保存"按钮

（2）双击打开生成的 EXE 文件，在弹出的界面中，缩放、平移和转换视角的操作与在 RobotStudio 软件中一样，单击"Play"按钮，工业机器人开始运行，如图 4-140 所示。

二、码垛工业机器人工作站系统集成仿真设计

进行工业机器人工作站系统集成仿真设计，首先要确定工业机器人工作站的基本硬件组成，并根据工业机器人工作站所要实现的工艺过程，进行总体布局设计。对于本次要完成的码垛工业机器人工作站，其基本组成如下：工业机器人（1 台，含工业机器人底座）、末端执行器（1 个）、输送链装置（1 个）、码垛架（2 个）、检测传感器（2 个）、安全围栏（若干）、待搬运工件。码垛工业机器人工作站仿真效果图如图 4-141 所示。

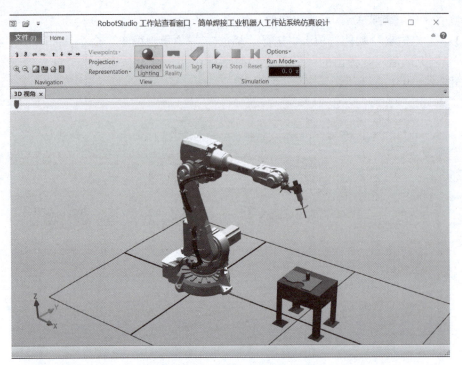

图 4-140　仿真运行视频播放界面

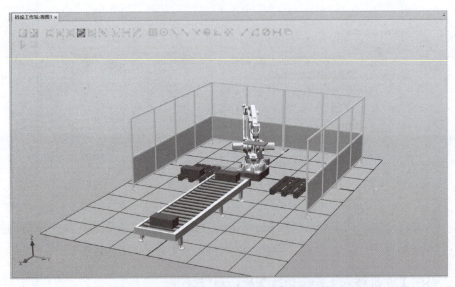

图 4-141　码垛工业机器人工作站仿真效果图

该码垛工业机器人工作站可以采用常见的线型布局，1 个输送链装置放置在工业机器人正前方，2 个码垛架放置在工业机器人两侧，以方便工业机器人拾取工件后进行码垛操作。

根据该码垛工业机器人工作站的基本组成，可以知道主要仿真内容包括如下 3 个方面。

（1）码垛工业机器人工作站的布局仿真设计。

（2）工件输送过程的仿真设计。

（3）工件动态拾取过程的仿真设计。

1. 码垛工业机器人工作站的布局仿真设计

码垛工业机器人工作站的布局仿真设计步骤如图4-142~图4-148所示。

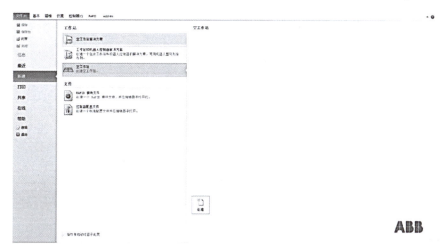

图4-142　创建一个空工作站

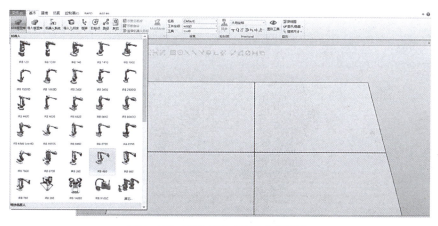

图4-143　导入 IRB460 工业机器人

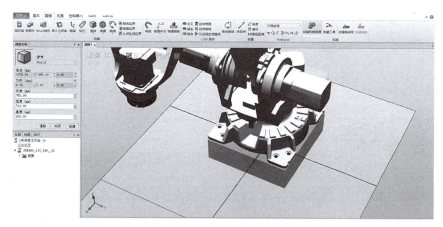

图4-144　设置工业机器人底座垫块

　　说明：底座的主要功能是安装工业机器人，并抬高工业机器人，以方便工业机器人作业。

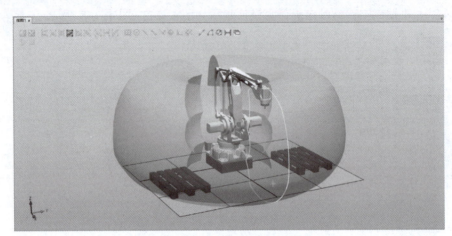

图 4-145　导入 2 个码垛架

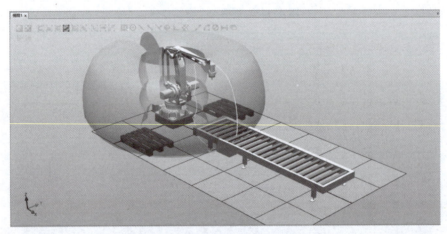

图 4-146　导入输送链装置

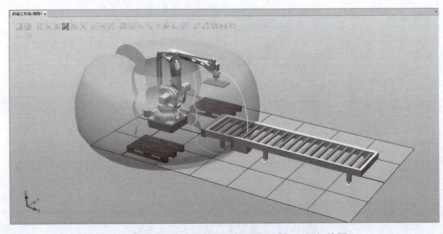

图 4-147　导入工业机器人末端执行器（吸盘装置）

说明：码垛架和输送链装置导入后必须放置于工业机器人的工作空间之内，此时还未安装末端执行器，因此，此时的工业机器人工作空间只能作为大致的参考。码垛架和输送链装置都可以自行进行建模设计，并导入系统进行使用。

说明：末端执行器导入后，工业机器人的工作空间会发生一定的变化，此时要再一次确定已经导入的码垛架和输送链装置是否还在工业机器人的有效工作空间内。自行建模的末端执行器要经过专门的设置才能导入系统进行使用，该步骤也是工业机器人工作站仿真设计的关键技术，请读者自行查找相关资料进行学习。

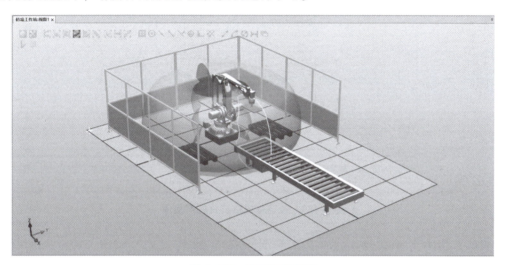

图 4-148　设置安全围栏

说明：对于安全围栏的放置，要考虑不能与工业机器人的工作空间发生干涉，而工业机器人的作业动作又是主要的危险源，因此安全围栏要对工业机器人的有效工作空间产生足够安全的围挡作用。

至此，就完成了码垛工业机器人工作站的布局仿真设计。

2. 工件输送过程的仿真设计

工件输送过程的仿真设计步骤如图 4-149~图 4-183 所示。

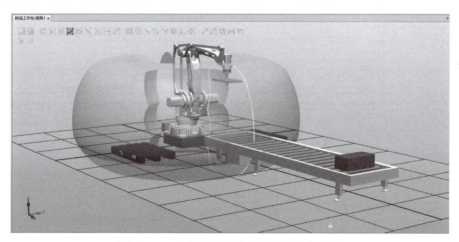

图 4-149　在输送链装置一端放置一个工件

　　说明：工件可以使用仿真软件自带的建模功能进行设计，也可以自行进行建模设计后导入系统调用，工件应放置于输送链的正中间，可以将其更改成容易辨认的名称，这里将其命名为"工件"。

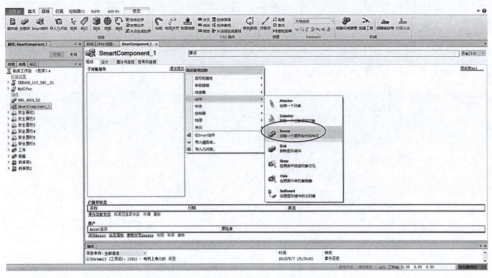

图 4-150　设定输送链装置的产品源

　　说明：选择 Smart 组件，选择"添加组件"→"动作"→"Source"选项，新建产品源组件，产品源组件可以使用默认名称，也可以更改为容易辨认的名称，该名称在后续的设置中会经常用到，因此一定要熟知。

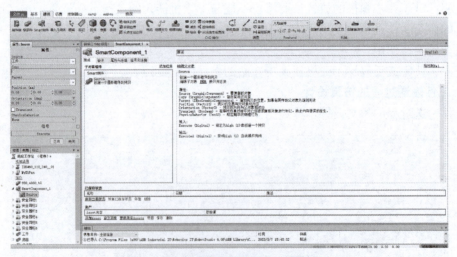

图 4-151　设置输送链装置的产品源参数

　　说明：选择已经放置在输送链装置输入端的"工件"作为"Source"内容。

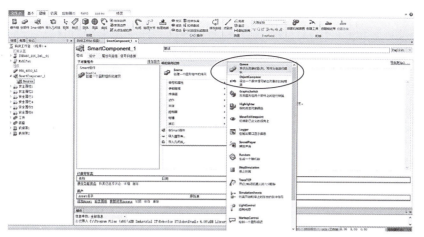

图 4-152 添加"Queue"组件

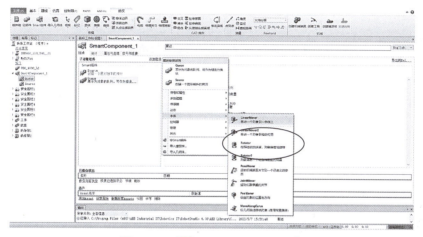

图 4-153 添加"LineMover"组件

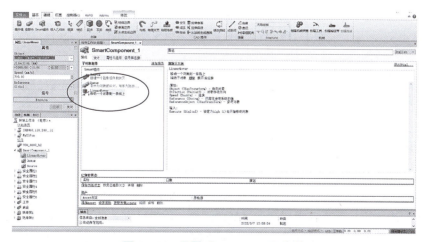

图 4-154 设置"LineMover"参数

　　说明：工件在输送链装置上从输入端传输到输送链装置末端，属于直线运动方式，故需要进行线性运动物体的参数设置，主要针对运动的距离和速度进行设置，可以根据工艺需求进行。读者可以在熟悉设置过程后，改变不同的参数，观察不同参数对运动的影响效果，以增加仿真设置的感性认识。

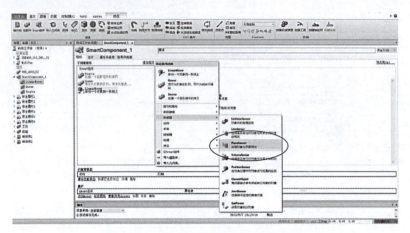

图 4-155　创建输送链装置限位传感器

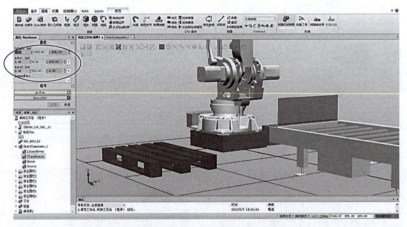

图 4-156　设置输送链装置限位传感器参数

　　说明：该传感器用于检测传输到输送链装置末端的工件，工件经过直线运动到达输送链装置末端，接触到该传感器后就停止继续运动，输送链装置输入端也不再产生新的复制品工件，直至工业机器人将输送链装置末端的工件拾取搬离，使工件脱离与该传感器的接触，输送链装置输入端才产生新的复制品工件，并直线运动至输送链装置末端。进行离线编程时，此时已经接触到工件的传感器会给工业机器人一个输出信号，提示工业机器人可以进行工件拾取动作。

　　限位传感器并非实物状态，实际是一个片状"墙体"，该传感器设置后的面积（如图 4-157 中阴影面积）要足够阻挡运动过来的工件。读者可以尝试不同的参数，感受限位传感器的变化。本书中的数值在不同系统中可能不同，请读者在学习时灵活掌握设置原则。在实际工业机器人应用系统集成中，限位传感器常选用用光电位置开关或电磁接近开关等。

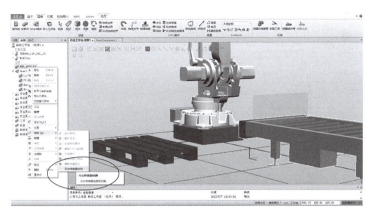

图 4-157　设置输送链装置为传感器不可检测

说明：限位传感器设置完成后，要将输送链装置设置为传感器不可检测，否则作为虚拟的接触触发类传感器，安装在输送链装置上会一直发送接触到物体的信号，将无法检测到传送到输送链装置末端的工件。

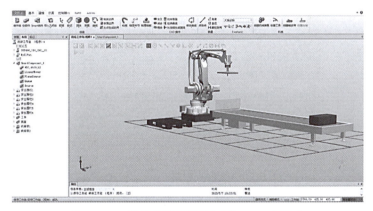

图 4-158　将输送链装置添加到 Smart 组件中

说明：在左侧导航栏中，将输送链装置拖拽到 Smart 组件中即可。

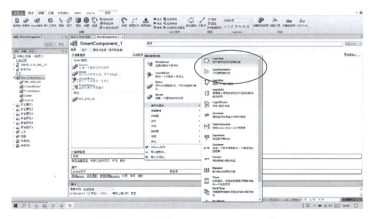

图 4-159　添加"LogicGate"组件

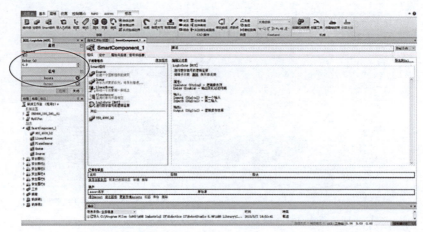

图 4-160　设置"LogicGate"组件

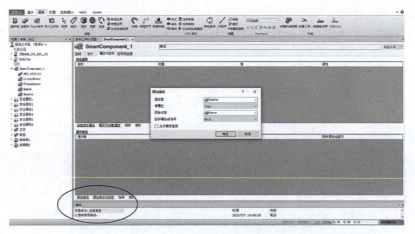

图 4-161　设置属性与连结

说明：单击"添加连结"链接，并按图 4-161~图 4-169 设置参数。

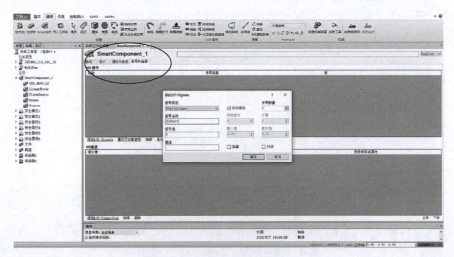

图 4-162　输入信号参数设置（1）

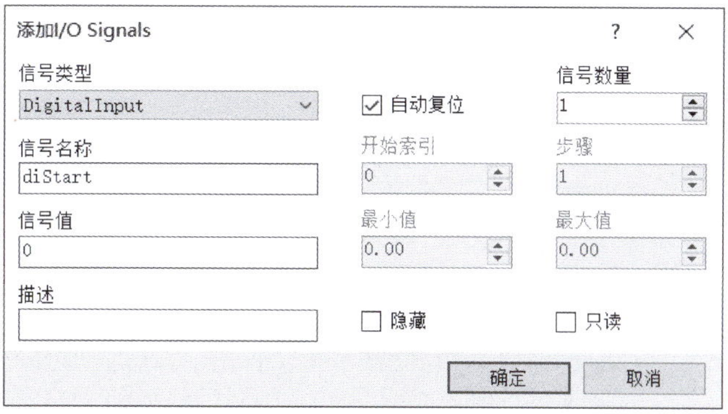

图 4-163　"添加 I/O Signals" 对话框参数设置（1）

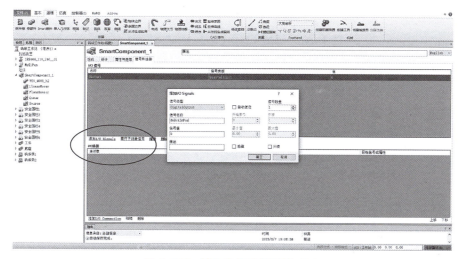

图 4-164　输入信号参数设置（2）

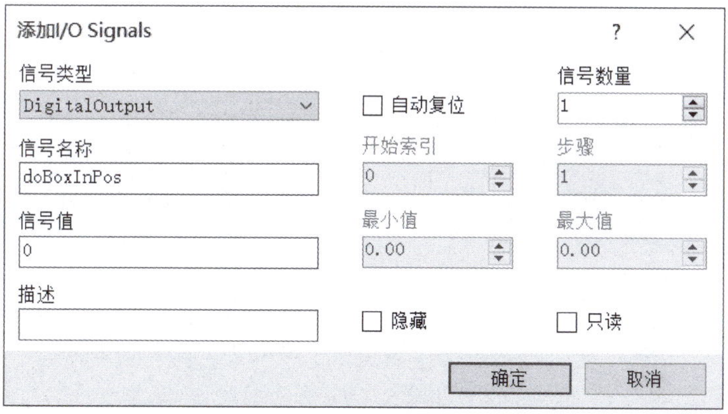

图 4-165　"添加 I/O Signals" 对话框参数设置（2）

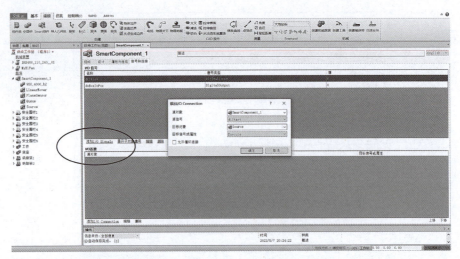

图 4-166 添加 "I/O Connection" 信号 1

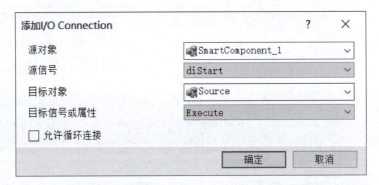

图 4-167 设置 "I/O Connection" 信号 1 参数

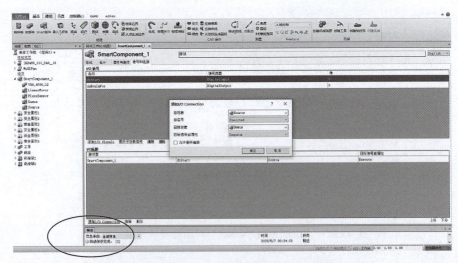

图 4-168 添加 "I/O Connection" 信号 2

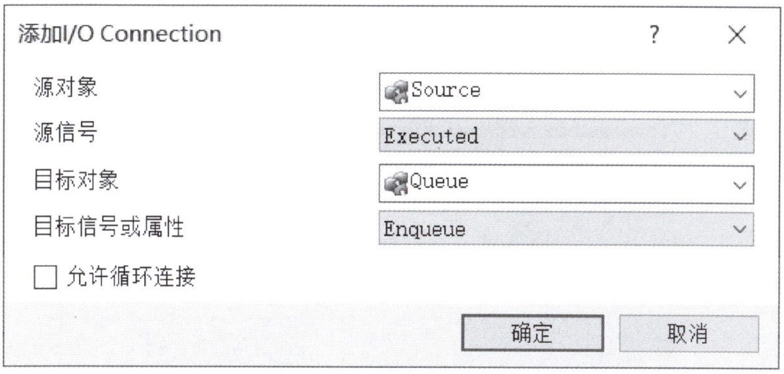

图 4-169　设置"I/O Connection"信号 2 参数

说明：产品源产生的复制品完成信号触发加入队列 Queue 的动作，复制品自动加入队列 Queue。

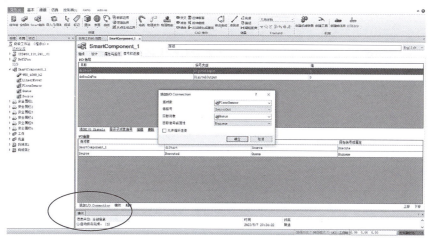

图 4-170　添加"I/O Connection"信号 3

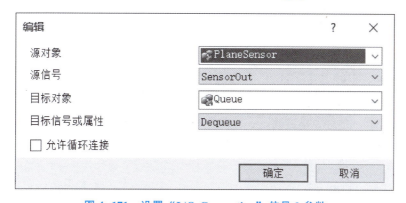

图 4-171　设置"I/O Connection"信号 3 参数

说明：当复制品工件与输送链装置末端的限位传感器发生接触后，限位传感器将本身的输出信号 SensorOut 设置为"1"，利用此信号触发退出队列 Queue 的动作，复制品工件自退出队列 Queue。

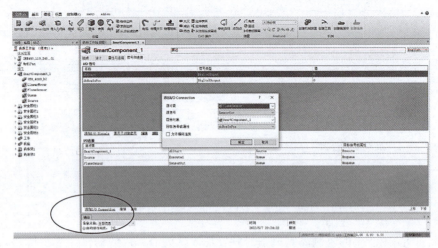

图 4-172　添加"I/O Connection"信号 4

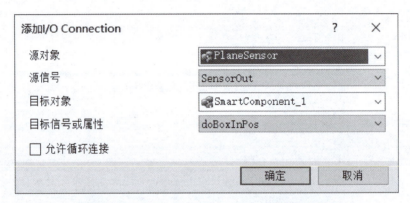

图 4-173　设置"I/O Connection"信号 4 参数

　　说明：当工件运动到输送链末端与限位传感器发生接触时，将 doBoxInPos 设置为"1"，表示工件已经到位。

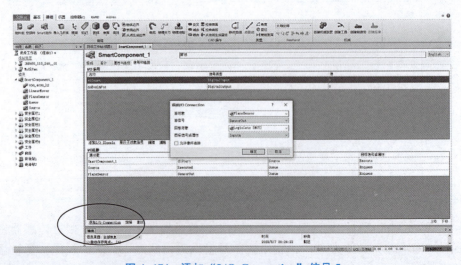

图 4-174　添加"I/O Connection"信号 5

添加I/O Connection
?
源对象
PlaneSensor
源信号
SensorOut
目标对象
LogicGate [NOT]
目标信号或属性
InputA
允许循环连接
确定
取消

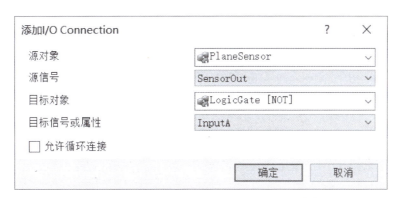

图 4-175　设置“I/O Connection”信号 5 参数

说明：将限位传感器的输出信号与非门连接，则非门的输出信号变化和限位传感器的输出信号变化正好相反。

SmartComponent_1

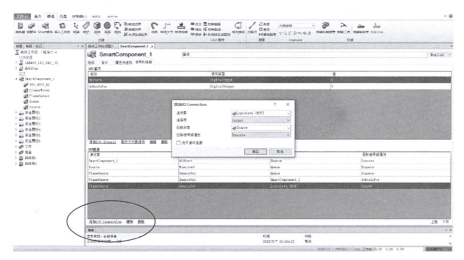

图 4-176　添加“I/O Connection”信号 6

添加I/O Connection
?
源对象
LogicGate [NOT]
源信号
Output
目标对象
Source
目标信号或属性
Execute
允许循环连接
确定
取消

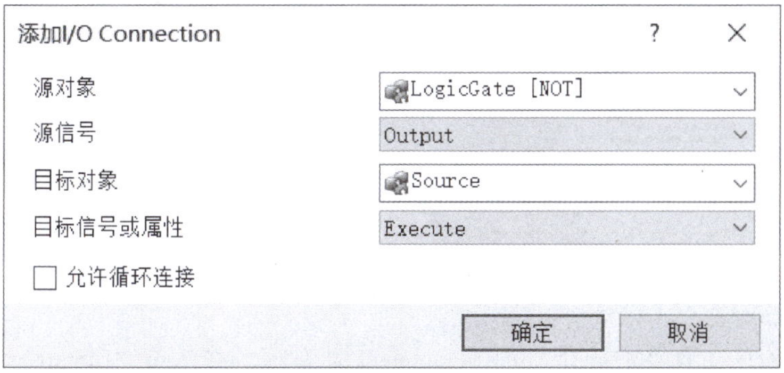

图 4-177　设置“I/O Connection”信号 6 参数

说明：非门的输出信号触发 Source 的执行，实现的效果为当限位传感器的输出信号由“1”变为“0”时，触发 Source 产生一个复制品工件。

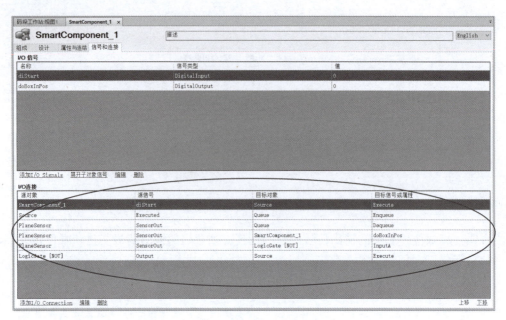

图 4-178   设置好的 I/O 信号和连接

说明：通过 I/O 仿真器检测用户所建立的 I/O 信号和动画效果。

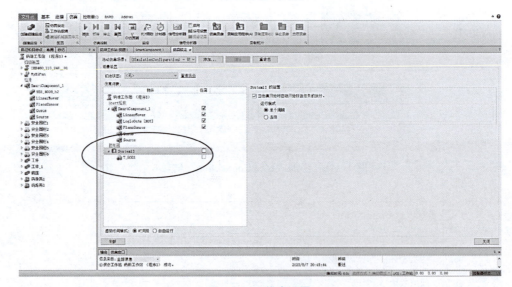

图 4-179   仿真设置

说明：目前只是运行 Smart 组件的动画效果，因此"System13"系统的相关参数不启动。

说明：在 I/O 仿真器中选择 SmartComponent_1 系统，并单击"diStart"按钮，此时左侧导航栏中工件模型下面会多出一个工件_1 模型（即复制品工件），输送链装置上每输送出一个工件，此处就自动添加一个模型，按数字序号顺次自动命名。

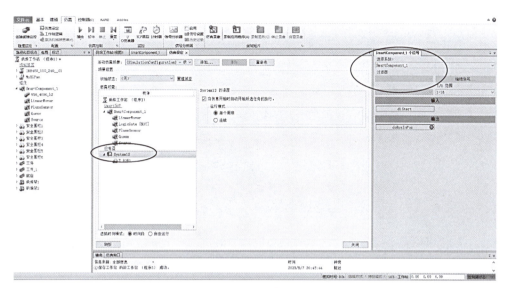

图4-180　I/O仿真器的设置

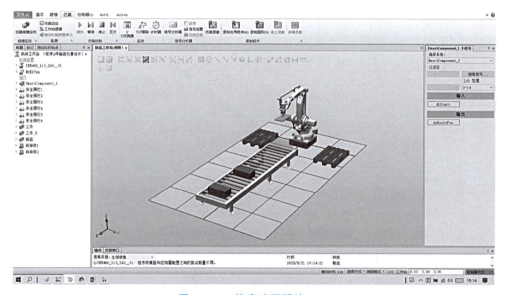

图4-181　仿真动画播放（1）

说明：单击"仿真"功能选项中的"播放"按钮，输送链装置开始自动生成一个工件模型。

说明：当工件输送到输送链装置末端，与限位传感器接触时，触发限位传感器开关，工件停止在输送链装置末端，等待工业机器人拾取，此时输送链装置停止输送，不再自动产生新的复制品工件。

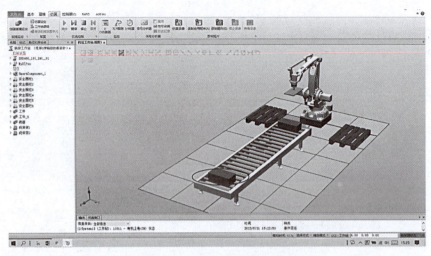

图 4-182   仿真动画播放（2）

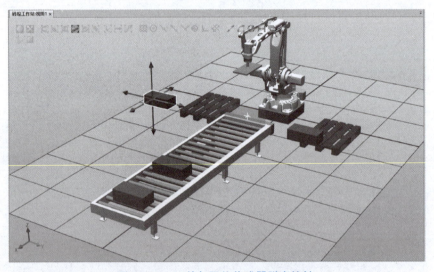

图 4-183   工件与限位传感器脱离接触

说明：此时将输送链装置末端的工件移动走（与限位传感器脱离接触即可），输送链装置将继续自动复制工件并输送到输送链装置末端，直至与限位传感器接触，完成一个工件的输送循环。在实际的工业机器人工作站运行中，需要工业机器人将输送链末端的工件抓取走，并放置到码垛架上的某一合适位置（此过程需要后续进行离线编程实现），此时是使用工件的平移功能完成工件与传感器的接触脱离。

3. 工件动态拾取过程的仿真设计

在 RobotStudio 软件中创建码垛工业机器人工作站，夹具的动态效果是最为重要的部分。这里使用一个海绵式真空吸盘进行工件的拾取和释放，基于此吸盘来创建一个具有 Smart 组件特效的夹具。夹具动态效果包括在输送链装置末端拾取工件、在放置位置释放工件、自动置位复位真空反馈信号。具体效果如图 4-105 所示，步骤如图 4-184~图 4-221 所示。

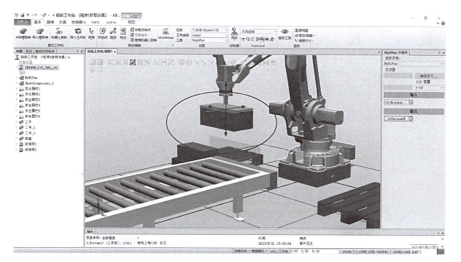

图 4-184　工件动态拾取效果

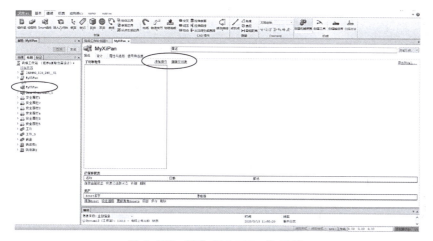

图 4-185　创建"MyXiPan"组件

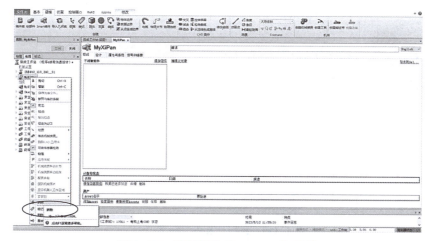

图 4-186　暂时拆除"MyXiPan"组件

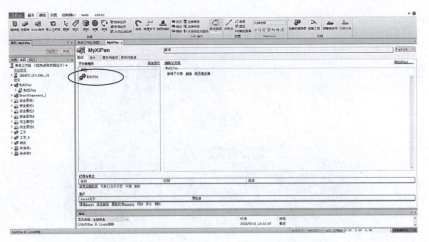

图 4-187　将"MyXiPan"组件安装到同名组件中

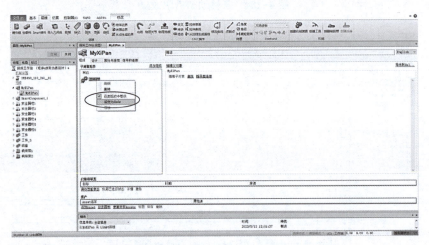

图 4-188　进行"Role"设置（1）

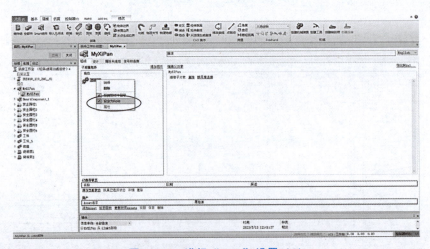

图 4-189　进行"Role"设置（2）

说明：在左侧导航栏中，将"MyXiPan"组件拖拽到工业机器人上（此过程与之前直接安装末端执行器到工业机器人上相同）。

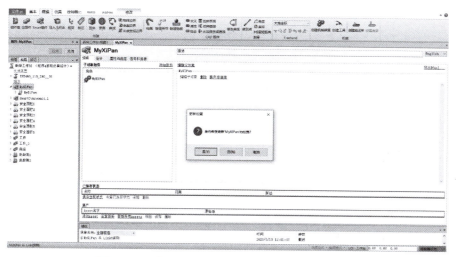

图 4-190　将"MyXiPan"组件安装工业机器人上

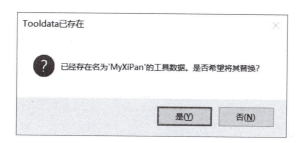

图 4-191　单击"是"按钮

说明：设置末端执行器上的检测传感器，用于在末端执行器拾取工件时检测工件。

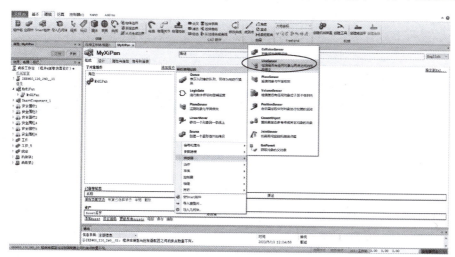

图 4-192　添加末端执行器检测传感器

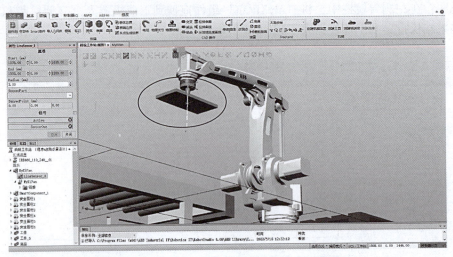

图 4-193　设置末端执行器检测传感器各参数

说明：末端执行器检测传感器参数设置主要包括两个方面，一方面是检测传感器的位置坐标设置，另一方面是检测传感器大小的设置。由于仿真时的检测传感器不是一个实体化的传感器，因此可以灵活进行参数设置，以实现工艺检测目的为最佳原则，如图 4-193 中末端执行器正中间的白色针状物体即设置好的虚拟检测传感器，这样设置很容易实现检测传感器与待检测工件的接触检测，而实际检测传感器并不是这样的。

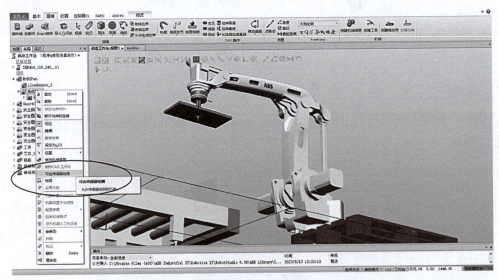

图 4-194　设置末端执行器不能由传感器检测到

说明：检测传感器是用来检测工件的，因此同之前输送链末端的限位传感器设置一样，也要取消该传感器对工业机器人的检测功能，否则检测传感器会一直发送检测到接触物的信号，导致系统无法正常工作。

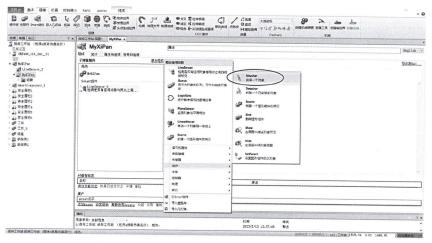

图 4-195　添加末端执行器 "Attacher" 组件

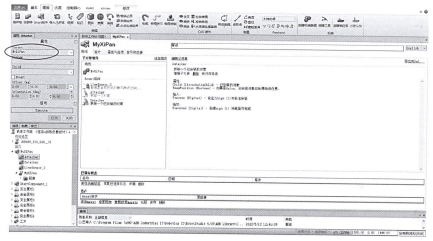

图 4-196　设置末端执行器 "Attacher" 组件参数

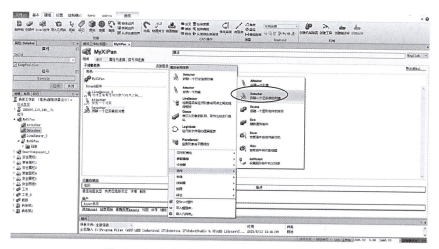

图 4-197　添加末端执行器 "Detacher" 组件

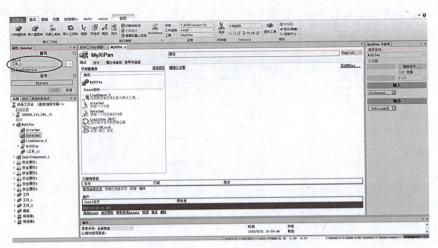

图 4-198　勾选"KeepPosition"复选框

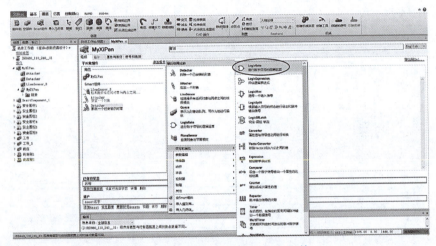

图 4-199　添加"LogicGate"组件

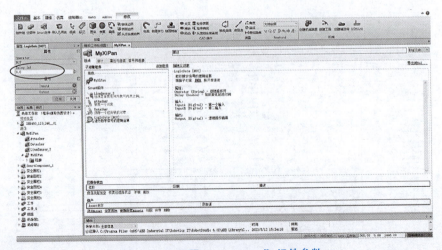

图 4-200　设置"LogicGate"组件参数

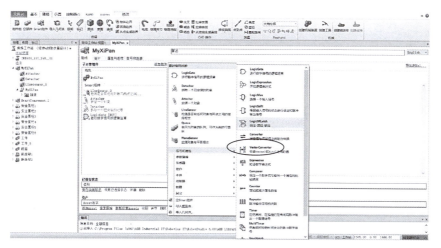

图 4-201　添加 "LogicSRLatch" 组件

创建属性与连结。

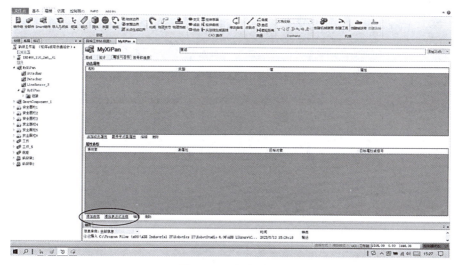

图 4-202　添加连结

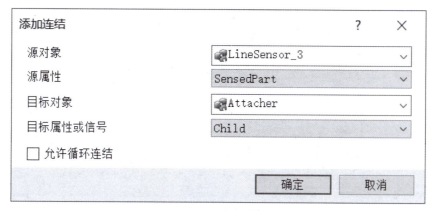

图 4-203　设置连结参数

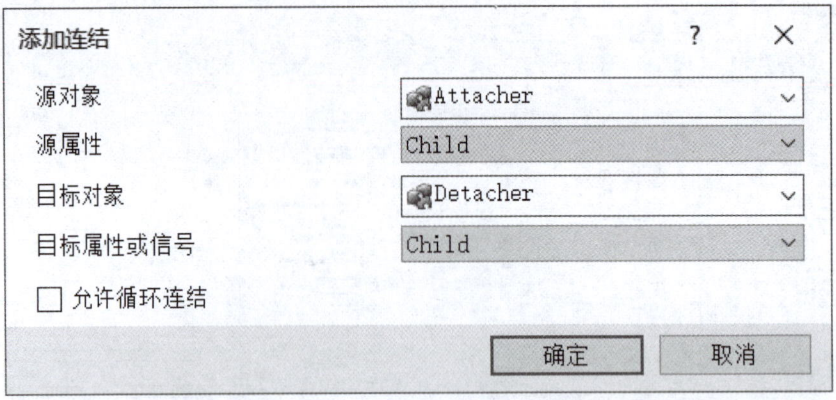

添加连结

源对象	Attacher
源属性	Child
目标对象	Detacher
目标属性或信号	Child

☐ 允许循环连结

确定　　取消

图 4-203　设置连结参数（续）

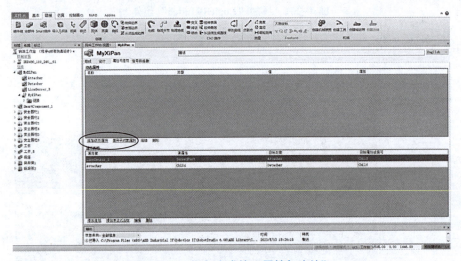

图 4-204　添加完成的"属性与连结"

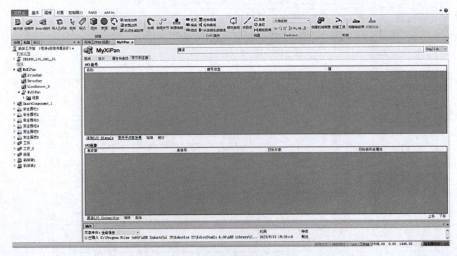

图 4-205　添加信号和连接

图 4-206　添加 I/O 信号 1

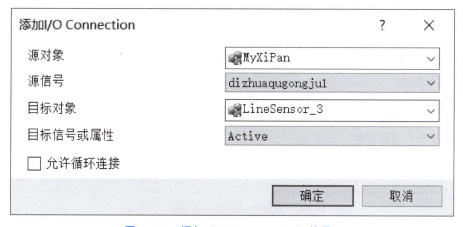

图 4-207　添加 I/O 信号 2

图 4-208　添加"I/O Connection"信号 1

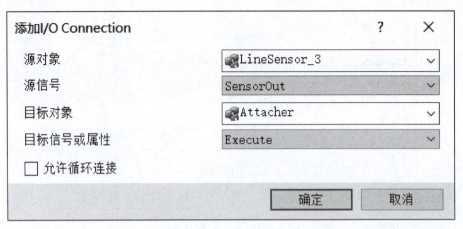

图 4-209　添加"I/O Connection"信号 2

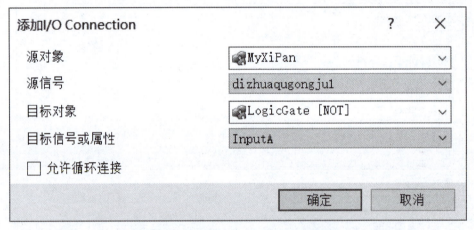

图 4-210　添加"I/O Connection"信号 3

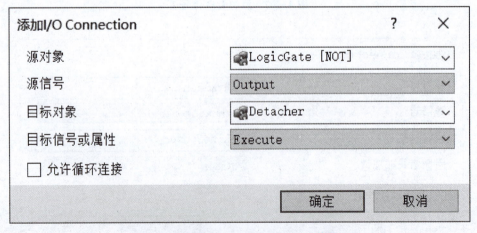

图 4-211　添加"I/O Connection"信号 4

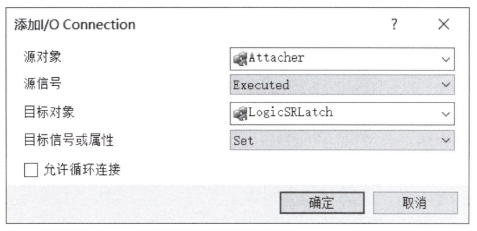

图 4-212　添加 "I/O Connection" 信号 5

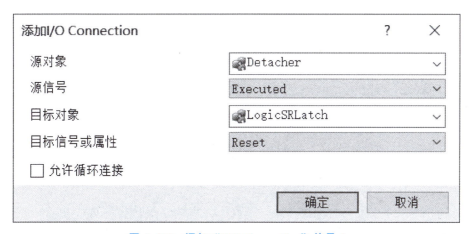

图 4-213　添加 "I/O Connection" 信号 6

图 4-214　添加 "I/O Connection" 信号 7

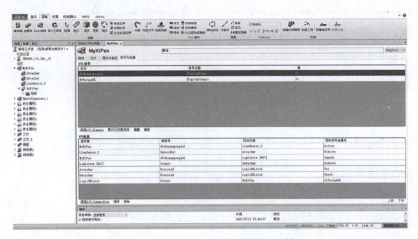

图 4-215　添加完成的信号和连接

Smart 组件的动态模拟运行。

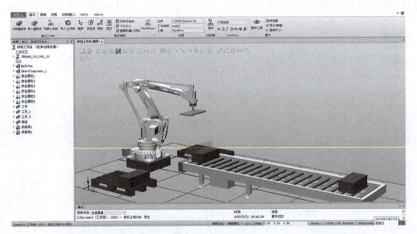

图 4-216　生成搬运的工件

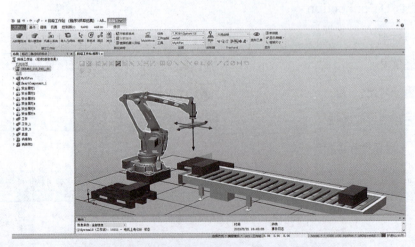

图 4-217　移动"XiPan"组件，进行工件拾取

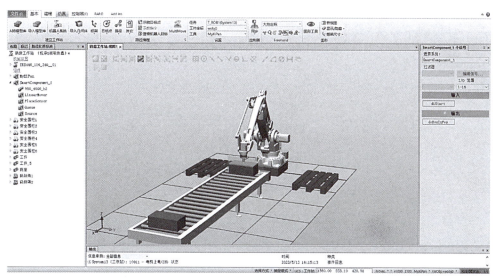

图 4-218　将末端执行器移动至工件上方

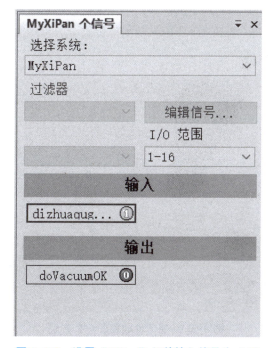

图 4-219　设置 "XiPan" 组件输入信号为 "1"

　　说明：在 "仿真" 功能选项卡中选择 "I/O 仿真器" → "XiPan" 系统，将输入信号中的 "0" 设置为 "1"，此时末端执行器上的检测传感器检测到工件，实现对工件的拾取。要正确选用合适的拾取方式，以对工件进行准确拾取。

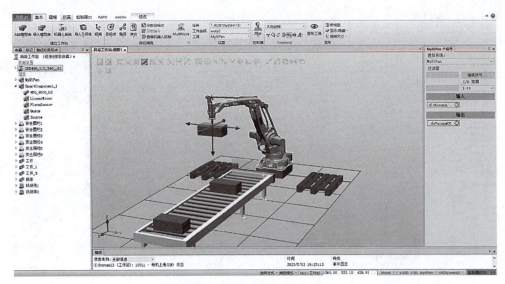

图 4-220　实现工件拾取

说明：此时移动工业机器人末端执行器，工件就可以随着末端执行器一起运动，当工件离开输送链装置末端时，与输送链装置末端限位传感器脱离接触，输送链装置输入端将执行新工件的复制及输送动作。

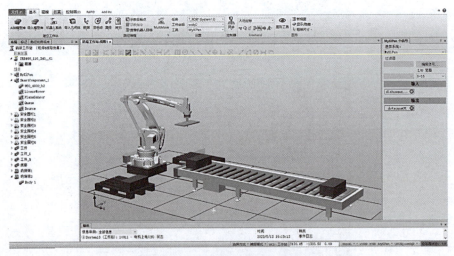

图 4-221　将工件放置在码垛架上

说明：至此，一个可以实现码垛功能的码垛工业机器人工作站仿真设计就完成了，包括其布局设计、主要硬件的信号设置、连接仿真等内容，在离线编程时可以直接调用仿真时的相关硬件设置，如传感器信号等。工业机器人具体的作业操作（如在码垛架上实现工件的分层码垛等）除了受到硬件系统的影响之外，更重要的是要符合具体工艺流程的安排，这一点在本书中所介绍的硬件仿真设计中体现得并不明显，只有通过后续灵活的离线编程操作才能体现出来。

任务实施

任务实施单如表4-8所示。

表4-8 任务实施单

任务名称：焊接工业机器人工作站仿真		
班级：	学号：	姓名：
任务实施内容	任务实施心得	
具体任务要求： ①待焊接工件见任务2中的法兰焊接件； ②制定焊接工艺流程，确定焊接工业机器人工作站最小系统组成； ③选择工业机器人，以及焊接工业机器人工作站的其他设备（可以根据焊接工艺的需要，自行设计所需工装）； ④完成焊接工业机器人工作站布局，并在RobotStudio软件中完成各设备集成设置； ⑤完成工件焊接所需全部离线程序的编制、调试； ⑥完成焊接工业机器人工作站动作仿真视频录制，并将工作站存储为库文件		

一、任务实施分析

本任务完成一个焊接工业机器人工作站仿真，具体任务安排如下。
（1）待焊接工件见任务2中的法兰焊接件。
（2）制定焊接工艺流程，确定焊接工业机器人工作站最小系统组成。
（3）选择焊接工业机器人（1台），以及焊接工业机器人工作站的其他设备。
（4）完成焊接工业机器人工作站布局（含各设备集成设置）。
（5）完成工件焊接所需全部离线程序的编制、调试。
（6）完成焊接工业机器人工作站动作仿真视频录制，并将工作站存储为库文件。

二、任务评价

（1）能根据待焊接工件结构图（图4-63），制定合理的焊接工艺流程。
（2）能根据焊接工艺流程配置焊接工业机器人工作站所需设备或装置。
（3）能正确进行所需工业机器人类型的选择，并充分发挥其作用。

（4）能使用 SolidWorks 软件完成所需非标准设备或装置的设计建模。

（5）能合理使用 RobotStudio 软件提供的各种设备或装置进行焊接工业机器人工作站集成设计。

（6）能使用 RobotStudio 软件完成焊接工业机器人工作站整体布局仿真设计。

任务评价成绩构成如表 4-9 所示。

表 4-9　任务评价成绩构成

成绩类别	考核项目	赋分	得分
专业技术	工艺流程制定	20	
	工业机器人工作站设备（或装置）配置	35	
	工业机器人工作站仿真设计	35	
职业素养	专业知识融合应用	10	

班级：_____　学号：_____　姓名：_____　成绩：_____

三、提交材料

提交表 4-8、表 4-9。

思考与练习

一、选择题

1. 在 RobotStudio 软件中，导入第三方模型可通过（　　）完成。

A. 导入模型库　　　　　　　　　B. 框架

C. ABB 模型库　　　　　　　　　D. 导入几何体

2. 在 RobotStudio 软件中，导入安全围栏"Fence_2500"时，应在"基本"功能选项卡中单击（　　）按钮，在设备中的其他类型中选择"Fence_2500"。

A."导入模型库"　　　　　　　　B."框架"

C."ABB 模型库"　　　　　　　　D."导入几何体"

3. 将某工件导入工业机器人工作站后，在"布局"菜单中选中该工件，并单击鼠标右键，选择需要设定的位置，并保持位置不变，将 X 的方向改为 90°，则应使其（　　）旋转 90°。

A. 沿 X 轴顺时针　　　　　　　B. 沿 Y 轴顺时针

C. 沿 X 轴逆时针　　　　　　　D. 沿 Y 轴逆时针

4. 向 RobotStudio 软件中导入工业机器人模型时，在工业机器人参数设置对话框中，可以设置（　　）。

A. 安装位置　　　　　　　　　　B. 到达距离参数

C. 原始姿态　　　　　　　　　　D. 工业机器人承重能力

5. 作业路径通常用（　　）相对于工件坐标系的运动进行描述。

A. 大地坐标系   B. 工具坐标系

C. 工件坐标系   D. 基坐标系

6. 在 RobotStudio 软件中，（　　　）功能选项卡包含创建、控制、监控和记录仿真所需的控件。

A. "仿真"   B. "基本"

C. "建模"   D. "控制器"

7. RobotStudio 软件的仿真录像文件通常有（　　　）和（　　　）两种格式。

A. MVP   B. AVI

C. MWV   D. MP4

二、填空题

1. 在完成仿真设置后，在"仿真"菜单中选择（　　　　），这时工业机器人会按添加的路径运动。

2. 在 RobotStudio 软件中，仿真的功能有（　　　　）、（　　　　）。

3. 装配工业机器人工作站中创建的夹爪由（　　　　）、（　　　　）、（　　　　）3 个部分组成。

4. 在 RobotStudio 软件的"建模"功能选项卡中自行创建机械装置时，可以选择（　　　　）、（　　　　）、（　　　　）、（　　　　）4 种不同的类型。

5. 在创建机械装置的过程中，设置机械装置的链接参数时，必须至少为其创建（　　　）个链接。

6. 在创建机械装置的过程中，设置机械装置的接点参数时，关节的类型有（　　　　）、（　　　　）、（　　　　）3 种。

7. 在创建机械装置的过程中，设置机械装置的接点参数时，一个关节必须有（　　　　）和（　　　　）两个链接。

三、简答题

1. 建立工业机器人应用系统的方法主要有哪些？

2. 如何理解 RobotStudio 软件中的事件管理器？

3. 在 RobotStudio 软件中，如何进行工业机器人工作站与虚拟示教器的数据同步？

项目总结

虚拟仿真作为一个产业，在我国虽然起步较晚，但随着我国经济的飞速发展，我国的虚拟仿真产业实现了长足的进步，并逐渐成长为一个具有巨大潜力和发展空间的产业。目前，虚拟仿真技术已经在多个领域得到了广泛的应用。

工业机器人应用系统集成是一项综合实践性很高的工作，涉及的专业技术领域广泛，其设计、制造和调试的周期也很长，在每个环节都容易因为考虑疏漏而产生时间成本和经济成本上的损失，因此仿真设计对于工业机器人应用系统集成具有重要的辅助作用，尤其是对全新应用场景来说更有优势。目前很多仿真软件不仅在工业机器人应用系统集成设计阶段发挥了重要作用，在工业机器人工作站正式投入使用后，其离线编程仿真功能更是给工业机器人工作站的实际生产运行提供了强有力的支持。

参 考 文 献

［1］周书兴．工业机器人工作站系统与应用［M］．北京：机械工业出版社，2020．

［2］彭塞金，张红卫，林燕文．工业机器人工作站系统集成设计［M］．北京：人民邮电出版社，2018．

［3］雷旭昌，陈江奎，王茜菊．工业机器人 RobotStudio 仿真训练教程［M］．重庆：重庆大学出版社，2019．

［4］倪志莲，闫春平．运动控制技术［M］．北京：机械工业出版社，2022．

［5］陈晓军．伺服系统与变频控制应用技术［M］．北京：机械工业出版社，2020．

［6］李全江．组态控制技术实训教程（MCGS）［M］．北京：机械工业出版社，2019．

［7］仇斌权．面向能耗最优的机器人系统布局与轨迹同步优化［R］．赣州：江西理工大学，2022．

［8］李全江．组态控制技术实训教程（MCGS）［M］．北京：机械工业出版社，2019．

［9］刘小春，张蕾．电机与拖动［M］．北京：人民邮电出版社，2018．

［10］曹雪娇，侯娅品，于玲．工业机器人离线编程及仿真（ABB）［M］．武汉：华中科技大学出版社，2023．